网络安全标准
和法律法规

Wangluo Anquan Biaozhun
He Falü Fagui

李世武　宋宇斐　陈英杰　主编

河北科学技术出版社

·石家庄·

图书在版编目（ＣＩＰ）数据

网络安全标准和法律法规 / 李世武，宋宇斐，陈英
杰主编. -- 石家庄：河北科学技术出版社，2022.6（2023.3重印）
　　ISBN 978-7-5717-1143-6

　　Ⅰ．①网⋯ Ⅱ．①李⋯ ②宋⋯ ③陈⋯ Ⅲ．①计算机
网络－网络安全－国家标准－中国②计算机网络－网络安
全－科学技术管理法规－中国 Ⅳ．①TP393.08-65
②D922.17

中国版本图书馆CIP数据核字(2022)第095515号

网络安全标准和法律法规

李世武 宋宇斐 陈英杰　主编

出版	河北科学技术出版社
地址	石家庄市友谊北大街330号（邮编：050061）
印刷	河北万卷印刷有限公司
开本	710毫米×1000毫米　1/16
印张	23
字数	329千字
版次	2022年6月第1版
印次	2023年3月第2次印刷
定价	88.00元

前言
Foreword

信息技术广泛应用和网络空间兴起发展，极大促进了经济社会繁荣进步，同时也带来了新的安全风险和挑战。网络空间安全（以下称网络安全）事关人类共同利益，事关世界和平与发展，事关各国国家安全。《中华人民共和国网络安全法》自2017年6月实施以来，作为基本法对各行业在网络安全方面提出了总体要求。近三年，各种法规、部门规章、国家标准及行业标准也陆续出台，明确将《中华人民共和国网络安全法》作为依据，为各领域网络安全、数据合规、个人信息保护等制度的落实提供了更详细的参考。

"网络安全标准与法律法规"是信息安全本科专业的基础课之一，对网络安全法律法规和标准体系的深入学习具有重要的意义。

全书分为三部分，共包括 9 章内容：

第一部分：网络安全监管（第 1 至 2 章），介绍网络安全的概念、属性、发展阶段以及涉及的法律问题，同时从网络安全监管角度，介绍国家法律和国家政策发展历程。

第二部分：网络安全相关法律（第 3 至 7 章），分别对《中华人民共和国网络安全法》《中华人民共和国密码法》《中华人民共和国数据安全法》《中华人民共和国个人信息保护法》《关键信息基础设施安全保护条例》进行了解读。

第三部分：网络安全标准（第 8 至 9 章），介绍了信息安全标准化组织、信息安全标准体系，对我国网络安全标准按照等级保护系列标准、密码评估系列标准、风险评估系列标准以及其他的网络安全标准分类，结合网络安全监管的要求，对标准分别进行了详解。

书中每章都配有适量的习题，供学生在复习和巩固书中所学内容时使用。

网络安全相关法律法规及标准使政府企事业单位在实际操作中有法可依，有迹可循，让我国在网络安全、数据安全和个人信息保护的轨道上迈得越来越稳健。本书不仅适用于高等学校信息安全及相关专业的教学，服务于高等学校信息安全、计算机和公安等专业学生，对从事信息安全和网络安全方面的管理人员、技术人员以及监管人员也有实际的参考价值。

本书由石家庄学院李世武、宋宇斐和河北翎贺计算机信息技术有限公司陈英杰编写，任寅、沈鹏、李盼、何迎杰等参与了书稿的阅读和校对。由于时间仓促，书中难免有疏漏和不当之处，敬请读者批准指正。

目　录

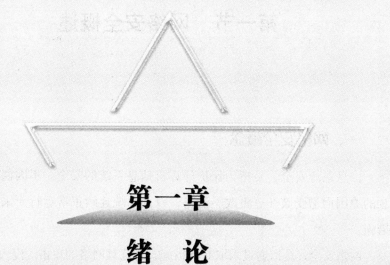

第一章

绪　论

第一节　网络安全概述

一、网络安全概念

信息系统安全，是指为保护计算机信息系统的安全，不因偶然的或恶意的原因而遭受破坏、更改、泄露，以及系统连续正常运行所采取的一切措施。

网络安全，是指通过采取必要措施，防范对网络的攻击、侵入、干扰、破坏和非法使用以及意外事故，使网络处于稳定可靠运行的状态，以及保障网络数据的完整性、保密性、可用性的能力。

信息安全，亦可称网络安全或者信息网络安全。不同的说法只不过是认知角度不同而已，并无实质性区别。首先，信息安全是信息化进程的必然产物，没有信息化就没有信息安全问题。信息化发展涉及的领域愈广泛、愈深入，信息安全问题就愈多样、愈复杂。信息网络安全问题是一个关系到国家与社会的基础性、全局性、现实性和战略性的重大问题。其次，信息安全的主要威胁来自应用环节。如非法操作、黑客入侵、病毒攻击、网络窃密、网络战等，都体现在应用环节和过程之中。应用规则的严宽、监控力的强弱以及应急响应速度的快慢，决定了信息网络空间的风险防范和安全保障能力、程度与水平的高低。

二、信息安全属性

网络安全属性即信息安全属性。信息安全的三大基本属性：

1. 保密性

信息保密性又称信息机密性，是指信息不泄漏给非授权的个人和实体，或供其使用的特性。信息机密性针对信息被允许访问对象的多少而不同。所有人员都可以访问的信息为公用信息，需要限制访问的信息一般为敏感信息或秘密，秘密可以根据信息的重要性或保密要求分为不同的密级，如国家根据秘密泄露对国家经济、安全利益产生的影响（后果）不同，将国家秘密分为 A（秘密级）、B（机密级）和 C（绝密级）三个等级。秘密是不能泄漏给非授权用户、不能被非法利用的，非授权用户就算得到信息也无法知晓信息的内容。机密性通常通过访问控制阻止非授权用户获得机密信息，通过加密技术阻止非授权用户获知信息内容。

2. 完整性

完整性是指信息在存储、传输和提取的过程中保持不被修改延迟、不乱序和不丢失的特性。一般通过访问控制阻止篡改行为，通过信息摘要算法来检验信息是否被篡改。完整性是数据未经授权不能进行改变的特性，其目的是保证信息系统上的数据处于一种完整和未损的状态。

3. 可用性

信息可用性指的是信息可被合法用户访问并能按要求顺序使用的特性，即在需要时就可取用所需的信息。可用性是信息资源服务功能和性能可靠性的度量，是对信息系统总体可靠性的要求。目前要保证系统和网络能提供正常的服务，除了备份和冗余配置之外，没有特别有效的方法。

4. 其他信息安全属性

（1）真实性

真实是他所声称的属性，也可以理解为能对信息的来源进行判断，能对伪造来源的信息予以鉴别。

（2）可问责性

问责是承认和承担行动、产品、决策和政策的责任，包括在角色或就业岗位范围内的行政、治理和实施以及报告、解释并对所造成的后果负责。

（3）不可否认性

证明要求保护的事件或动作及其发起实体的行为。在法律上，不可否认意味着交易的一方不能拒绝已经接收到的交易，另一方也不能拒绝已经发送的交易。

（4）可靠性

可靠性是信息系统能够在规定条件下、规定时间内完成规定功能的特性。

三、信息安全发展阶段

1. 通信安全：传输过程数据保护

时间：19 世纪 40 年代至 70 年代。

特点：通过密码技术解决通信保密问题，保证数据的保密性与完整性。

标志：1949 年《保密通信的信息理论》使密码学成为一门科学；1976年美国斯坦福大学的迪菲和赫尔曼首次提出公钥密码体制；美国国家标准协会在 1977 年公布了《国家数据加密标准》。

2. 计算机安全：数据处理和存储的保护

时间：19 世纪 80 年代至 90 年代。

特点：确保计算机系统中的软件、硬件及信息在处理、存储、传输中的保密性、完整性和可用性。

标志：美国国防部在 1983 年出版的《可信计算机系统评价准则》。

3. 信息系统安全：系统整体安全

时间：19 世纪 90 年代。

特点：强调信息的保密性、完整性、可控性、可用性的信息安全阶段，即 ITSEC（Information Technology Security）。

标志：1993 年至 1996 年美国国防部在 TCSEC 的基础上提出了新的安全评估准则《信息技术安全通用评估准则》，简称 CC 标准。

4. 信息安全保障：积极防御，综合防范，技术与管理并重

时间：19 世纪 90 年代后期至 20 世纪初。

特点：信息安全转化为从整体角度考虑其体系建设的信息保障（Information Assurance）阶段，也称为网络信息系统安全阶段。

标志：各个国家分别提出自己的信息安全保障体系。

5. 网络空间安全：工业控制系统、云大物移智

时间：20 世纪至今。

特点：将防御、威慑和利用结合成三位一体的网络空间安全保障。

标志：2008 年 1 月，布什政府发布了国家网络安全综合倡议（CNCI），号称网络安全"曼哈顿项目"，提出威慑概念，其中包括爱因斯坦计划、情报对抗、供应链安全、超越未来（"Leap-Ahead"）技术战略。

第二节　网络安全涉及的法律问题

一、《中华人民共和国国家安全法》涉及的法律问题

第二十五条　国家建设网络与信息安全保障体系，提升网络与信息安全保护能力，加强网络和信息技术的创新研究和开发应用，实现网络和信息核心技术、关键基础设施和重要领域信息系统及数据的安全可控；加强网络管理，防范、制止和依法惩治网络攻击、网络入侵、网络窃密、散布违法有害信息等网络违法犯罪行为，维护国家网络空间主权、安全和发展利益。

第五十九条　国家建立国家安全审查和监管的制度和机制，对影响或者可能影响国家安全的外商投资、特定物项和关键技术、网络信息技术产品和服务、涉及国家安全事项的建设项目，以及其他重大事项和活动，进行国家安全审查，有效预防和化解国家安全风险。

第七十五条　国家安全机关、公安机关、有关军事机关开展国家安全专门工作，可以依法采取必要手段和方式，有关部门和地方应当在职责范围内提供支持和配合。

第七十七条　公民和组织应当履行下列维护国家安全的义务：

（一）遵守宪法、法律法规关于国家安全的有关规定；

（二）及时报告危害国家安全活动的线索；

（三）如实提供所知悉的涉及危害国家安全活动的证据；

（四）为国家安全工作提供便利条件或者其他协助；

（五）向国家安全机关、公安机关和有关军事机关提供必要的支持和协助；

（六）保守所知悉的国家秘密；

（七）法律、行政法规规定的其他义务。

任何个人和组织不得有危害国家安全的行为，不得向危害国家安全的个人或者组织提供任何资助或者协助。

第七十九条　企业事业组织根据国家安全工作的要求，应当配合有关部门采取相关安全措施。

二、《中华人民共和国反恐怖法》涉及的法律问题

1. 对运营单位和个人要求

第十八条　电信业务经营者、互联网服务提供者应当为公安机关、国家安全机关依法进行防范、调查恐怖活动提供技术接口和解密等技术支持和协助。

第十九条　电信业务经营者、互联网服务提供者应当依照法律、行政法规规定，落实网络安全、信息内容监督制度和安全技术防范措施，防止含有恐怖主义、极端主义内容的信息传播；发现含有恐怖主义、极端主义内容的信息的，应当立即停止传输，保存相关记录，删除相关信息，并向公安机关或者有关部门报告。

网信、电信、公安、国家安全等主管部门对含有恐怖主义、极端主义内容的信息，应当按照职责分工，及时责令有关单位停止传输、删除相关信息，或者关闭相关网站、关停相关服务。有关单位应当立即执行，并保存相关记录，协助进行调查。对互联网上跨境传输的含有恐怖主义、极端

主义内容的信息，电信主管部门应当采取技术措施，阻断传播。

第二十一条　电信、互联网、金融、住宿、长途客运、机动车租赁等业务经营者、服务提供者，应当对客户身份进行查验。对身份不明或者拒绝身份查验的，不得提供服务。（实名制）

第六十一条　恐怖事件发生后，负责应对处置的反恐怖主义工作领导机构可以决定由有关部门和单位采取下列一项或者多项应对处置措施：

（一）组织营救和救治受害人员，疏散、撤离并妥善安置受到威胁的人员以及采取其他救助措施；

（二）封锁现场和周边道路，查验现场人员的身份证件，在有关场所附近设置临时警戒线；

（三）在特定区域内实施空域、海（水）域管制，对特定区域内的交通运输工具进行检查；

（四）在特定区域内实施互联网、无线电、通讯管制；

（五）在特定区域内或者针对特定人员实施出境入境管制；

（六）禁止或者限制使用有关设备、设施，关闭或者限制使用有关场所，中止人员密集的活动或者可能导致危害扩大的生产经营活动；

（七）抢修被损坏的交通、电信、互联网、广播电视、供水、排水、供电、供气、供热等公共设施；

（八）组织志愿人员参加反恐怖主义救援工作，要求具有特定专长的人员提供服务；

（九）其他必要的应对处置措施。

2. 法律责任条款

第八十四条　电信业务经营者、互联网服务提供者有下列情形之一的，由主管部门处二十万元以上五十万元以下罚款，并对其直接负责的主管人员和其他直接责任人员处十万元以下罚款；情节严重的，处五十万元以上罚款，并对其直接负责的主管人员和其他直接责任人员，处十万元以上五十万元以下罚款，可以由公安机关对其直接负责的主管人员和其他直接责任人员，处五日以上十五日以下拘留：

（一）未依照规定为公安机关、国家安全机关依法进行防范、调查恐怖活动提供技术接口和解密等技术支持和协助的；

（二）未按照主管部门的要求，停止传输、删除含有恐怖主义、极端主义内容的信息，保存相关记录，关闭相关网站或者关停相关服务的；

（三）未落实网络安全、信息内容监督制度和安全技术防范措施，造成含有恐怖主义、极端主义内容的信息传播，情节严重的。

第八十六条　电信、互联网、金融业务经营者、服务提供者未按规定对客户身份进行查验，或者对身份不明、拒绝身份查验的客户提供服务的，主管部门应当责令改正；拒不改正的，处二十万元以上五十万元以下罚款，并对其直接负责的主管人员和其他直接责任人员处十万元以下罚款；情节严重的，处五十万元以上罚款，并对其直接负责的主管人员和其他直接责任人员，处十万元以上五十万元以下罚款。（违反实名制要求）

三、《中华人民共和国刑法》涉及的法律问题

第二百八十五条　【非法侵入计算机信息系统罪】违反国家规定，侵入国家事务、国防建设、尖端科学技术领域的计算机信息系统的，处三年以下有期徒刑或者拘役。（非法入侵）

【非法获取计算机信息系统数据、非法控制计算机信息系统罪】违反国家规定，侵入前款规定以外的计算机信息系统或者采用其他技术手段，获取该计算机信息系统中存储、处理或者传输的数据，或者对该计算机信息系统实施非法控制，情节严重的，处三年以下有期徒刑或者拘役，并处

或者单处罚金；情节特别严重的，处三年以上七年以下有期徒刑，并处罚金。（非法获取）

【提供侵入、非法控制计算机信息系统程序、工具罪】提供专门用于侵入、非法控制计算机信息系统的程序、工具，或者明知他人实施侵入、非法控制计算机信息系统的违法犯罪行为而为其提供程序、工具，情节严重的，依照前款的规定处罚。（非法协助）

单位犯前三款罪的，对单位判处罚金，并对其直接负责的主管人员和其他直接责任人员，依照各该款的规定处罚。

第二百八十六条 【破坏计算机信息系统罪】违反国家规定，对计算机信息系统功能进行删除、修改、增加、干扰，造成计算机信息系统不能正常运行，后果严重的，处五年以下有期徒刑或者拘役；后果特别严重的，处五年以上有期徒刑。（非法破坏）

违反国家规定，对计算机信息系统中存储、处理或者传输的数据和应用程序进行删除、修改、增加的操作，后果严重的，依照前款的规定处罚。

故意制作、传播计算机病毒等破坏性程序，影响计算机系统正常运行，后果严重的，依照第一款的规定处罚。（非法制作传播）

单位犯前三款罪的，对单位判处罚金，并对其直接负责的主管人员和其他直接责任人员，依照第一款的规定处罚。

第二百八十六条之一 【拒不履行信息网络安全管理义务罪】网络服务提供者不履行法律、行政法规规定的信息网络安全管理义务，经监管部门责令采取改正措施而拒不改正，有下列情形之一的，处三年以下有期徒刑、拘役或者管制，并处或者单处罚金：

（一）致使违法信息大量传播的；

（二）致使用户信息泄露，造成严重后果的；

（三）致使刑事案件证据灭失，情节严重的；

（四）有其他严重情节的。

单位犯前款罪的，对单位判处罚金，并对其直接负责的主管人员和其他直接责任人员，依照前款的规定处罚。

【择一重处】有前两款行为，同时构成其他犯罪的，依照处罚较重的规定定罪处罚。（对重要行业部门不履行网络安全管理义务进行刑罚）

第二百八十七条　【利用计算机实施犯罪的提示性规定】利用计算机实施金融诈骗、盗窃、贪污、挪用公款、窃取国家秘密或者其他犯罪的，依照本法有关规定定罪处罚。

第二百八十七条之一　【非法利用信息网络罪】利用信息网络实施下列行为之一，情节严重的，处三年以下有期徒刑或者拘役，并处或者单处罚金：

（一）设立用于实施诈骗、传授犯罪方法、制作或者销售违禁物品、管制物品等违法犯罪活动的网站、通讯群组的；

（二）发布有关制作或者销售毒品、枪支、淫秽物品等违禁物品、管制物品或者其他违法犯罪信息的；

（三）为实施诈骗等违法犯罪活动发布信息的。

单位犯前款罪的，对单位判处罚金，并对其直接负责的主管人员和其他直接责任人员，依照第一款的规定处罚。

有前两款行为，同时构成其他犯罪的，依照处罚较重的规定定罪处罚。

第二百八十七条之二　【帮助信息网络犯罪活动罪】明知他人利用信息网络实施犯罪，为其犯罪提供互联网接入、服务器托管、网络存储、通讯传输等技术支持，或者提供广告推广、支付结算等帮助，情节严重的，处三年以下有期徒刑或者拘役，并处或者单处罚金。

单位犯前款罪的，对单位判处罚金，并对其直接负责的主管人员和其他直接责任人员，依照第一款的规定处罚。

【择一重处】有前两款行为，同时构成其他犯罪的，依照处罚较重的规定定罪处罚。

四、《中华人民共和国治安管理处罚法》涉及的法律问题

第二十九条 有下列行为之一的，处五日以下拘留；情节较重的，处五日以上十日以下拘留：

（一）违反国家规定，侵入计算机信息系统，造成危害的；

（二）违反国家规定，对计算机信息系统功能进行删除、修改、增加、干扰，造成计算机信息系统不能正常运行的；

（三）违反国家规定，对计算机信息系统中存储、处理、传输的数据和应用程序进行删除、修改、增加的；

（四）故意制作、传播计算机病毒等破坏性程序，影响计算机信息系统正常运行的。

五、《全国人民代表大会常务委员会关于维护互联网安全的决定》涉及的法律问题

一、为了保障互联网的运行安全，对有下列行为之一，构成犯罪的，依照刑法有关规定追究刑事责任：

(一)侵入国家事务、国防建设、尖端科学技术领域的计算机信息系统；

(二)故意制作、传播计算机病毒等破坏性程序，攻击计算机系统及通信网络，致使计算机系统及通信网络遭受损害；

(三)违反国家规定，擅自中断计算机网络或者通信服务，造成计算机网络或者通信系统不能正常运行。

六、《计算机信息系统安全保护条例》（国务院 147 号令）涉及法律问题

第二十条　违反本条例的规定，有下列行为之一的，由公安机关处以警告或者停机整顿：

（一）违反计算机信息系统安全等级保护制度，危害计算机信息系统安全的；

（二）违反计算机信息系统国际联网备案制度的；

（三）不按照规定时间报告计算机信息系统中发生的案件的；

（四）接到公安机关要求改进安全状况的通知后，在限期内拒不改进的；

（五）有危害计算机信息系统安全的其他行为的。

第二十一条　计算机机房不符合国家标准和国家其他有关规定的，或者在计算机机房附近施工危害计算机信息系统安全的，由公安机关会同有关单位进行处理。

第二十三条　故意输入计算机病毒以及其他有害数据危害计算机信息系统安全的，或者未经许可出售计算机信息系统安全专用产品的，由公安机关处以警告或者对个人处以 5000 元以下的罚款、对单位处以 15000 元以下的罚款；有违法所得的，除予以没收外，可以处以违法所得 1 至 3 倍的罚款。（故意危害，非法出售产品的处罚）

第二十四条　违反本条例的规定，构成违反治安管理行为的，依照《中华人民共和国治安管理处罚条例》的有关规定处罚；构成犯罪的，依法追究刑事责任。

第二十五条　任何组织或者个人违反本条例的规定，给国家、集体或者他人财产造成损失的，应当依法承担民事责任。

七、其他法律涉及的问题

《中华人民共和国网络安全法》《中华人民共和国密码法》《中华人民共和国数据安全法》《中华人民共和国个人信息保护法》《中华人民共和国关键信息基础设施安全保护条例》涉及的法律问题详见第三章至第七章。

习　题

1.简述信息安全的属性。

2.简述信息安全的发展阶段。

第二章
网络安全监管

第一节　网络安全法律和国家政策

1.《中华人民共和国计算机信息系统安全保护条例》（国务院 147 号令）

《中华人民共和国计算机信息系统安全保护条例》是为保护计算机信息系统的安全，促进计算机的应用和发展，保障社会主义现代化建设的顺利进行而制定的行政法规。

2.《国家信息化领导小组关于加强信息系统安全保障工作的意见》（〔2003〕27号）

《国家信息化领导小组关于加强信息安全保障工作的意见》（〔2003〕27号），简称"27号文"，它的诞生标志着我国信息安全保障工作有了总体纲领，其中提出要在5年内建设中国信息安全保障体系。包括：加强信息安全保障工作的总体要求和主要原则、实行信息安全等级保护、加强以密码技术为基础的信息保护和网络信任体系建设、建设和完善信息安全监控体系、重视信息安全应急处理工作、加强信息安全技术研究开发、推进信息安全产业发展、加强信息安全法制建设和标准化建设、加快信息安全人才培养、增强全民信息安全意识、保证信息安全资金、加强对信息安全保障工作的领导、建立健全信息安全管理责任制。

3.《关于信息安全等级保护工作的实施意见》（公通字〔2004〕66号）

《关于信息安全等级保护工作的实施意见》（公通字〔2004〕66号）

明确实施等级保护的基本做法。内容包括：开展信息安全等级保护工作的重要意义、信息安全等级保护制度的原则、信息安全等级保护制度的基本内容、信息安全等级保护工作职责分工、实施信息安全等级保护工作的要求、信息安全等级保护工作实施计划。

4.《信息安全等级保护管理办法》（公通字〔2007〕43号）

《信息安全等级保护管理办法》（公通字〔2007〕43号）规范了信息安全等级保护的管理，提高信息安全保障能力和水平，维护国家安全、社会稳定和公共利益，保障和促进信息化建设。内容包括：总则、等级划分与保护、等级保护的实施与管理、涉密信息系统的分级保护管理、信息安全等级保护的密码管理、法律责任、附则。

5.《关于加强国家电子政务工程建设项目信息安全风险评估工作的通知》（发改高技〔2008〕2071号文）

《关于加强国家电子政务工程建设项目信息安全风险评估工作的通知》（发改高技〔2008〕2071号文）首次对我国电子政务工程建设项目的信息安全风险评估工作做了明确的要求。该《通知》用最直接的方式，明确了我国电子政务工程建设项目的信息安全风险评估工作的具体要求，解决了前期一直困扰电子政务工程建设项目单位关于信息安全风险评估的问题。

6.《国务院关于大力推进信息化发展和切实保障信息安全的若干意见》（国发〔2012〕23号）

《国务院关于大力推进信息化发展和切实保障信息安全的若干意见》（国发〔2012〕23号）明确了未来我国信息化发展和信息安全的指导思想和主要目标；提出了实施"宽带中国"工程，推动信息化和工业化深度融合，加快社会领域信息化，推进农业农村信息化。

7.《习近平在中央网络安全与信息化领导小组第一次会议上的讲话》

2014 年 2 月 27 日习近平主持召开中央网络安全和信息化领导小组第一次会议并发表重要讲话。他强调，网络安全和信息化是事关国家安全和国家发展、事关广大人民群众工作生活的重大战略问题，要从国际国内大势出发，总体布局，统筹各方，创新发展，努力把我国建设成为网络强国。

8.《2014 年综治工作（平安建设）考核评价实施细则》（中综办〔2014〕16 号）

中央社会治安综合治理委员会办公室（简称"中央综治办"）印发《2014 年综治工作（平安建设）考核评价实施细则》（中综办〔2014〕16 号），将"信息安全保障工作"纳入对政府的考核。

9.《关于加强社会治安防控体系建设的意见》

2015 年 4 月 13 日，中国政府网公布中共中央办公厅、国务院办公厅印发的《关于加强社会治安防控体系建设的意见》。该《意见》内容包括：加强社会治安防控体系建设的指导思想和目标任务、加强社会治安防控网建设、提高社会治安防控体系建设科技水平、完善社会治安防控运行机制、运用法治思维和法治方式推进社会治安防控体系建设、建立健全社会治安防控体系建设工作格局，共六部分二十一条。

10.《关于加强智慧城市网络安全管理工作的若干意见》

2015 年，公安部会同国家发展和改革委员会（简称"国家发改委"）、工业和信息化部分（简称"工信部"）、中共中央网络安全和信息化办公室（简称"中央网信办"）印发了《关于加强智慧城市网络安全管理工作的若干意见》，组织开展"智慧城市"网络安全建设、管理和评价工作。

11.《关于加强国家网络安全标准化工作的若干意见》

2016 年 8 月 24 日，中央网信办、国家质量监督检验检疫总局（简称"国家质检总局"）、国家标准化管理委员会（简称"国家标准委"）联合印发《关于加强国家网络安全标准化工作的若干意见》，对构建我国网络安全标准体系做出部署。

12.《中华人民共和国网络安全法》自 2017 年 6 月 1 日正式施行

《中华人民共和国网络安全法》（简称《网络安全法》）由中华人民共和国第十二届全国人民代表大会常务委员会第二十四次会议于 2016 年 11 月 7 日通过，由中华人民共和国第五十三号主席令颁布，自 2017 年 6 月 1 日起施行，共七章七十九条。

13.《公共互联网网络安全突发事件应急预案》

2017 年 11 月 23 日，工业和信息化部今日印发《公共互联网网络安全突发事件应急预案》。要求部应急办和各省（自治区、直辖市）通信管理局应当及时汇总分析突发事件隐患和预警信息，发布预警信息时，应当包括预警级别、起始时间、可能的影响范围和造成的危害、应采取的防范措施、时限要求和发布机关等，并公布咨询电话。《预案》指出，公共互联网网络安全突发事件发生后，事发单位在按照本预案规定立即向电信主管部门报告的同时，应当立即启动本单位应急预案，组织本单位应急队伍和工作人员采取应急处置措施，尽最大努力恢复网络和系统运行，尽可能减少对用户和社会的影响，同时注意保存网络攻击、网络入侵或网络病毒的证据。

14.《个人信息出境安全评估办法（征求意见稿）》

2019 年 06 月 13 日，国家互联网信息办公室发布《个人信息出境安全评估办法（征求意见稿）》，作为《中华人民共和国网络安全法》的下位法，该评估办法全文共二十二条，明确了个人信息出境申报评估要求、重点评估内容、个人信息出境记录、出境合同内容及权利义务要求、安全风险及安全保障措施分析报告等要求。

15.《数据安全管理办法（征求意见稿）》

2019年5月28日，国家互联网信息办公室发布了《数据安全管理办法(征求意见稿)》，办法效力高于《信息安全技术个人信息安全规范》（简称《规范》）、《互联网个人信息安全保护指南》（简称《指南》），规范与指南本身没有强制约束力，而办法相当于部门规章（部级立法），在全国范围内具有强制约束力，如果办法与地方性法规（地方人大立法）冲突的话，终极裁决权在全国人大常委会手中。

16.《云计算服务安全评估办法》（2019 第 2 号）

2019 年 7 月 2 日，为提高党政机关、关键信息基础设施运营者采购使用云计算服务的安全可控水平，国家互联网信息办公室、国家发展和改革委员会、工业和信息化部、财政部制定了《云计算服务安全评估办法》。目的是为了提高党政机关、关键信息基础设施运营者采购使用云计算服务的安全可控水平，降低采购使用云计算服务带来的网络安全风险，增强党政机关、关键信息基础设施运营者将业务及数据向云服务平台迁移的信心。

17.《App 违法违规收集使用个人信息行为认定方法 》

2019 年 11 月 28 日，国家互联网信息办公室、工业和信息化部、公安部、国家市场监督管理总局（简称"市场监管总局"）联合制定了《App 违法违规收集使用个人信息行为认定方法》，该办法为认定 App 违法违规收集使用个人信息行为提供参考。

18.《中华人民共和国密码法》2020年1月1日正式实施

《中华人民共和国密码法》（简称《密码法》）由中华人民共和国第十三届全国人民代表大会常务委员会第十四次会议于2019年10月26日通过，由中华人民共和国第三十五号主席令颁布，自2020年1月1日起施行，共五章四十四条。

19.《关键信息基础设施保护条例》

2021年4月27日，经国务院第133次常务会议通过，2021年7月30日，国务院总理李克强签署中华人民共和国国务院令第745号，公布《关键信息基础设施安全保护条例》，自2021年9月1日起施行。《关键信息基础设施安全保护条例》开启我国关键信息基础设施安全保护的新时代。其颁布实施既是落实《网络安全法》要求、构建国家关键信息基础设施安全保护体系的顶层设计和重要举措，更是保障国家安全、社会稳定和经济发展的现实需要。

20.《中华人民共和国数据安全法》2021年9月1日正式实施

《中华人民共和国数据安全法》（简称《数据安全法》）由中华人民共和国第十三届全国人民代表大会常务委员会第二十九次会议于2021年6月10日通过，由中华人民共和国第八十四号主席令颁布，自2021年9月1日起施行，共七章五十五条。

21.《中华人民共和国个人信息保护法》2021年11月1日正式实施

《中华人民共和国个人信息保护法》（简称《个人信息保护法》）由中华人民共和国第十三届全国人民代表大会常务委员会第三十次会议

于 2021 年 8 月 20 日通过，由中华人民共和国第九十一号主席令颁布，自 2021 年 11 月 1 日起施行，共八章七十四条。

22.《网络安全审查办法》

《网络安全审查办法》经 2021 年 11 月 16 日国家互联网信息办公室 2021 年第 20 次室务会议审议通过，并经国家发展和改革委员会、工业和信息化部、公安部、国家安全部、财政部、商务部、中国人民银行、国家市场监督管理总局、国家广播电视总局、中国证券监督管理委员会、国家保密局、国家密码管理局同意，自 2022 年 2 月 15 日起施行。该办法是为了确保关键信息基础设施供应链安全，保障网络安全和数据安全，维护国家安全。

23. 《网络产品安全漏洞管理规定》

《网络产品安全漏洞管理规定》2021 年 7 月 12 日由工业和信息化部、国家互联网信息办公室、公安部三部门联合印发，自 2021 年 9 月 1 日起施行。该规定规范网络产品安全漏洞发现、报告、修补和发布等行为，防范网络安全风险。

第二节　网络安全道德准则

一、职业道德

职业道德的概念有广义和狭义之分。

广义的职业道德是指从业人员在职业活动中应该遵循的行为准则，涵盖了从业人员与服务对象、职业与职工、职业与职业之间的关系。

狭义的职业道德是指在一定职业活动中应遵循的、体现一定职业特征的、调整一定职业关系的职业行为准则和规范。

二、网络道德含义与特征

道德是一种社会意识形态，是一定社会条件下，调整人与人之间以及个人与社会之间关系的行为规范的总和。这种规范不是永恒不变的，它是一个历史范畴，是随着社会物质生活条件的改变而变化、发展的。任何一种道德规范，都有其自身的发展过程。随着信息时代的到来，计算机网络的普及应用，引发了社会从根本上发生变革，形成一个与现实社会相对应的网络"虚拟社会"。在"虚拟社会"里，人们的社会角色和道德责任都有很大的不同，人们将摆脱诸如邻里角色、现实直观角色等物理实在中制约人们的道德。因此，一种新型的道德规范即网络道德便应运而生。

网络道德，简言之就是规范网络活动的行为准则，就其实质而言属社会公德。一方面，网络属人类共同财富，每一个上网的人都有从网上获得收益的机会和权利，从信息活动的广泛性来说，所有网民均需共同遵守规则，建立良好的网络秩序，因此网络道德属于社会公德。另一方面，《中华人民共和国刑法》（简称《刑法》）第二百八十五、二百八十六条规定将计算机犯罪行为纳入扰乱公共秩序罪一节，让社会共同遵守，也表明网络道德属于与法律相互渗透的社会公德。但由于信息社会与现社会存在一定差异，网络道德与既有的社会公德相比，有许多特殊的地方，主要表现在：

①网络道德建立在新型的社会关系即信息关系上，随着信息化高速发展，信息关系的内容、范围也不断地变化发展，因此，网络道德也应该是

一个涉及面广、内容丰富并不断发展变化的动态行为规范。

②信息社会中的资源"共享"，导致网络道德与现实社会道德存在很大距离。我们都知道信息社会与物质社会最本质的不同在于，信息社会能实现资源"共享"，在信息社会中，信息是重要的社会资源，从社会共同进步的角度来说，信息应当共享，也就是说信息共享是道德的，而在现实社会中，物质资源是不允许"共享"的，用信息社会的道德标准来衡量现实社会的这一点就行不通。

③互联网的无政府状态，缺乏社会监督，要求网络道德具有更强的自律性。一方面互联网由于没有有效的全球性管理办法和措施，上网者地点、时间具有很大的随意性，虽具体但不直观，很难加以约束；另一方面人性具有可变性和可塑性，通过一定的道德实践，做到道德自觉性与约束性的统一就能达到道德自律。道德约束性来自社会规范对行为的要求，其自觉性依靠的是内心信念、自我反省。每个人在其行为活动中，必然要受各种意识和道德心理的影响，如果社会责任的要求和内心的要求达到一致，道德自律就能高度而集中地表现出来，若暂时无法达到一致，道德也会通过调节、监督等作用，变成一种内在自觉的巨大精神力量，重塑自我，以此完成道德的自律。因此，在网络道德中必须最大限度强调上网者的自律行为。

三、道德规范

由于法律规范、技术规范存在的种种局限，网络活动的道德规范显得尤为重要起来。这不仅仅由于网络道德规范处于信息系统安全保护最外一层，人们从事信息网络活动的每一个行为，首先都得遇到道德规范调整，而且网络道德规范调整的范围远远超于法律规范、技术规范调整的范围。

和现实活动一样，在网络活动中违反法律规范和技术规范的行为一定是违反道德的，而违反道德规范的行为不一定违反技术规范和法律规范，道德规范的范围覆盖了法律和技术规范。由此可见，在调整网络活动、确保信息系统的安全过程中，网络道德规范比法律规范和技术规范的范围更广，并在规范信息活动中起着极其重要的作用，成为确保信息网络安全的重要行为准则。网络道德深驻人心，人们就能有意识地克制自己的行为，减少给他人造成的利益损失。

应注意的道德规范：

1. 有关知识产权

人们在使用计算机软件或数据时，应遵照国家有关法律规定，尊重其作品的版权，这是使用计算机的基本道德规范。建议人们养成良好的道德规范，具体是：

◎ 应该使用正版软件，坚决抵制盗版，尊重软件作者的知识产权。

◎ 不对软件进行非法复制。

◎ 不要为了保护自己的软件资源而制造病毒保护程序。

◎ 不要擅自篡改他人计算机内的系统信息资源。

2. 有关计算机安全

计算机安全是指计算机信息系统的安全。计算机信息系统是由计算机及其相关的和配套的设备、设施（包括网络）构成的，为维护计算机系统的安全，防止病毒的入侵，我们应该注意：

◎ 不要蓄意破坏和损伤他人的计算机系统设备及资源。

◎不要制造病毒程序，不要使用带病毒的软件，更不要有意传播病毒给其他计算机系统。（传播带有病毒的软件）

◎ 要采取预防措施，在计算机内安装防病毒软件；要定期检查计算机系统内文件是否有病毒，如发现病毒，应及时用杀毒软件清除。

◎ 维护计算机的正常运行，保护计算机系统数据的安全。

◎ 被授权者对自己享用的资源负有保护责任，口令密码不得泄露给外人。

3. 有关网络行为规范

计算机网络正在改变着人们的行为方式、思维方式乃至社会结构，它对于信息资源的共享起到了无与伦比的巨大作用，并且蕴藏着无尽的潜能。但是网络的作用不是单一的，在它广泛的积极作用背后，也有使人堕落的陷阱，这些陷阱产生着巨大的反作用。其主要表现在：网络文化的误导，传播暴力、色情内容；网络诱发着不道德和犯罪行为；网络的神秘性"培养"了计算机"黑客"，如此等等。具体行为规范包括：

◎ 煽动抗拒、破坏宪法和法律、行政法规实施的。

◎ 煽动颠覆国家政权，推翻社会主义制度的。

◎ 煽动分裂国家、破坏国家统一的。

◎ 煽动民族仇恨、破坏国家统一的。

◎ 捏造或者歪曲事实、散布谣言、扰乱社会秩序的。

◎ 宣传封建迷信、淫秽、色情、赌博、暴力、凶杀、恐怖，教唆犯罪的。

◎ 公然侮辱他人或者捏造事实诽谤他人的。

◎ 损害国家机关信誉的。

◎ 其他违反宪法和法律、行政法规的。

社会依靠道德来规定人们普遍认可的行为规范。在使用计算机时应该抱着诚实的态度、无恶意的行为，并要求自身在智力和道德意识方面取得进步。

◎ 不应该在 Internet 上传送大型的文件和直接传送非文本格式的文件而造成浪费网络资源。

◎不能利用电子邮件做广播型的宣传，这种强加于人的做法会造成别人的信箱充斥无用的信息而影响正常工作。

◎ 不应该使用他人的计算机资源，除非你得到了准许或者做出了补偿。

◎ 不应该利用计算机去伤害别人。

◎不能私自阅读他人的通讯文件（如电子邮件），不得私自拷贝不属于自己的软件资源。

◎不应该到他人的计算机里去窥探，不得蓄意破译别人口令。

总之，我们必须明确认识到任何借助计算机或计算机网络进行破坏、偷窃、诈骗和人身攻击都是非道德的或违法的，必将承担相应的责任或受到相应的制裁。

四、网络安全职业道德的具体内容

1. 维护国家、社会和公众的网络安全

◎自觉维护国家网络安全，拒绝并抵制泄露国家秘密和破坏国家信息基础设施的行为。

◎自觉维护网络社会安全，拒绝并抵制通过计算机网络系统谋取非法利益和破坏社会和谐的行为。

◎自觉维护公众信息安全，拒绝并抵制通过计算机网络系统侵犯公众合法权益和泄露个人隐私的行为。

2. 诚实守信，遵纪守法

◎不通过计算机网络系统进行造谣、欺诈、诽谤、弄虚作假等违反诚信原则的行为。

◎不利用个人的信息安全技术能力实施或组织各种违法犯罪行为。

◎不在公众网络传播反动、暴力、黄色、低俗信息及非法软件。

3. 努力工作，尽职尽责

◎热爱网络安全工作岗位，充分认识网络安全专业工作的责任和使命。

◎为发现和清除本单位或雇主的信息系统安全风险做出应有的努力和贡献。

◎帮助和指导网络安全同行提升信息安全保障知识和能力，为有需要的人谨慎负责地提出应对网络安全问题的建议和帮助。

4. 发展自身，维护荣誉

◎通过持续学习并提升自身的网络安全知识。

◎利用日常工作、学术交流等各种方式保持和提升网络安全实践能力。

◎以网络安全从业人员身份为荣，积极参与各种证后活动，避免任何损害网络安全从业人员声誉形象的行为。

习　题

1.国务院147号令的主要目标是什么？

2.什么是职业道德？

3.网络安全职业道德的具体内容是什么？

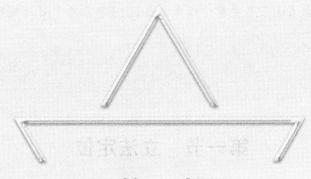

第三章
中华人民共和国网络安全法

《中华人民共和国网络安全法》由中华人民共和国第十二届全国人民代表大会常务委员会第二十四次会议于 2016 年 11 月 7 日通过，由中华人民共和国第五十三号主席令颁布，自 2017 年 6 月 1 日起施行，共七章七十九条。

第一节　立法定位

《网络安全法》的宗旨是为了保障网络安全，维护网络空间主权和国家安全、社会公共利益，保护公民、法人和其他组织的合法权益，促进经济社会信息化健康发展。（第一条）

《网络安全法》是网络安全管理的基础性"保障法"。该法是网络安全管理的法律；该法是基础性法律；该法是安全保障法。是我国网络空间法制建设的重要里程碑，是依法治网、化解网络风险的法律重器，是让互联网在法制轨道上健康运行的重要保障。《网络安全法》作为网络安全领域的首部基础性法律，《网络安全法》已经预留了诸多配套制度的接口，有待相关配套法规的进一步细化方可落地。自颁布以来，中央网信办等部门已在积极推进相关配套法规的研究和制定工作，其中部分已经向社会公布相应的草案，有的则已经正式出台、生效。

《中华人民共和国网络安全法》与《中华人民共和国国家安全法》《中华人民共和国反恐怖主义法》《中华人民共和国刑法》《中华人民共和国保密法》《中华人民共和国治安管理处罚法》《关于加强网络信息保护的决定》《关于维护互联网安全的决定》《计算机信息系统安全保护条例》《互

联网信息服务管理办法》等法律法规共同组成我国网络安全管理的法律体系。因此，需做好《网络安全法》与不同法律之间的衔接，在网络安全管理之外的领域也应尽量减少立法交叉与重复。

基础性法律的功能更多注重的不是解决问题，而是为问题的解决提供具体指导思路，问题的解决要依靠相配套的法律法规，这样的定位决定了不可避免会出现法律表述上的原则性，相关主体只能判断出网络安全管理对相关问题的解决思路，具体的解决办法有待进一步观察。

面对网络空间安全的综合复杂性，特别是国家关键信息基础设施面临日益严重的传统安全与非传统安全的"极端"威胁，网络空间安全风险"不可逆"的特征进一步凸显。在开放、交互和跨界的网络环境中，实时性能力和态势感知能力成为新的网络安全核心内容。

第二节 立法架构

《网络安全法》集"防御、控制与惩治"三位于一体。为实现基础性法律的"保障"功能，网络安全法确立了"防御、控制与惩治"三位一体的立法架构，以"防御和控制"性的法律规范替代传统单纯"惩治"性的刑事法律规范，从多方主体参与综合治理的层面，明确各方主体在预警与监测、网络安全事件的应急与响应、控制与恢复等环节中的过程控制要求，防御、控制、合理分配安全风险，惩治网络空间违法犯罪和恐怖活动。法律界定了国家、企业、行业组织和个人等主体在网络安全保护方面的责任，设专章规定了国家网络安全监测预警、信息通报和应急制度，明确规定"国家采取措施，监测、防御、处置来源于中华人民共和国境内外的网络安全风险和威胁，保护关键信息基础设施免受攻击、入侵、干扰和破坏，依法惩治网络违法犯罪活动，维护网络空间安全和秩序"，已开始摆脱传统上将风险预防寄托于事后惩治的立法理念，构建兼具防御、控制与惩治功能的立法架构。

第三节　法律亮点

1. 明确了网络空间主权的原则

网络主权是国家主权在网络空间的体现和延伸，网络主权原则是我国维护国家安全和利益、参与网络国际治理与合作所坚持的重要原则。

2. 明确了网络产品和服务提供者的安全义务

网络产品和服务提供者的义务包括：不得设置恶意程序；发现产品、服务存在安全缺陷、漏洞等风险，应立即采取补救措施，并及时告知用户；应当为其产品、服务持续提供安全维护服务。

3. 明确了网络运营者的安全义务

将现行的网络安全等级保护制度上升为法律，要求网络运营者按照网络安全等级保护制度的要求，采取相应的管理措施和技术防范措施，履行相应的网络安全保护义务。

4. 进一步完善了个人信息保护规则

加强对公民个人信息的保护，防止公民个人信息数据被非法获取、泄露或者非法使用，明确了公民具有个人信息的删除权和更改权。

5. 建立了关键基础设施安全保护制度

要求网络运营者（关键基础设施运营者）采取数据分类、重要数据备份和加密等措施，防止网络数据被窃取或篡改； 明确年度评估检测、应急预案和安全演练等相关要求。

6. 确立了重要数据跨境传输的规则

要求关键信息基础设施的运营者在境内存储公民个人信息等重要数据；确需在境外存储或者向境外提供的，应当按照规定进行安全评估。

第四节　总体框架

本法总体框架共七章七十九条，网上有全文，简短但内容很丰富，其中第三、四、五三章是我们从事网络安全的人员应该重点掌握的。

总则部分：明确了立法的目的、适用的范围、基本原则和保障目标、明确了安全工作的管理架构、网络各相关主体（如政府部门、网络运营者、行业组织、公民法人等）安全保护的义务。

网络安全支持与促进部分：明确了国家应建立和完善网络安全标准体系、鼓励和加大网络安全产业项目投入、支持安全技术研究、人才培养、产品和服务创新、知识产权保护等。

网络运行安全部分：着重明确了网络安全等级保护制度和关键基础设施运行安全的要求，详细明确了网络运营者、关键基础设施运营者、安全防护产品和服务的提供者、网络安全管理部门所要履行的安全保护义务和职责，明确个人和组织所受法律框架的约束。

网络信息安全部分：重点关注用户信息保护，明确网络运营者在收集、使用、处置用户信息时所要遵循的要求，明确了个人具有个人信息的删除权和更改权，明确监管部门所要履行的保密义务。

监测预警与应急处置部分：明确国家及关键信息基础设施安全保护部门，应承担建立健全网络安全监测预警和通报制度、建立网络安全风险评估和应急工作机制、制定应急预案定期组织演练的职责；明确安全事件处置中网络运营者所要承担的义务，明确重大突发事件过程中政府可采取通信管制的权力。

法律责任部分：针对性明确了网络运营者、关键基础设施的运营者、安全产品和服务的提供者、电子信息发送服务提供者、应用软件下载服务提供者、政府相关部门、境内外组织或个人存在违反相应法律条款所应受到的惩罚。

附则部分：对网络安全、网络运营者、网络数据和个人信息等进行了明确的定义，明确本法适用中的注意事项。

第五节　主要内容

一、相关术语的含义

第七章附则里面规定：

（一）网络，是指由计算机或者其他信息终端及相关设备组成的按照一定的规则和程序对信息进行收集、存储、传输、交换、处理的系统。

（二）网络安全，是指通过采取必要措施，防范对网络的攻击、侵入、干扰、破坏和非法使用以及意外事故，使网络处于稳定可靠运行的状态，以及保障网络数据的完整性、保密性、可用性的能力。

（三）网络运营者，是指网络的所有者、管理者和网络服务提供者。

（四）网络数据，是指通过网络收集、存储、传输、处理和产生的各种电子数据。

（五）个人信息，是指以电子或者其他方式记录的能够单独或者与其他信息结合识别自然人个人身份的各种信息，包括但不限于自然人的姓名、出生日期、身份证件号码、个人生物识别信息、住址、电话号码等。

二、总则

（一）指导思想

1. 坚持网络安全与信息化发展并重

第三条　国家坚持网络安全与信息化发展并重，遵循积极利用、科学发展、依法管理、确保安全的方针，推进网络基础设施建设和互联互通，鼓励网络技术创新和应用，支持培养网络安全人才，建立健全网络安全保障体系，提高网络安全保护能力。（十六字方针）

2. 坚决维护网络空间安全和秩序

第四条　国家制定并不断完善网络安全战略，明确保障网络安全的基本要求和主要目标，提出重点领域的网络安全政策、工作任务和措施。（顶层设计）

3. 全社会共同参与促进网络安全

《网络安全法》坚持共同治理原则,要求采取措施鼓励全社会共同参与,政府部门、网络建设者、网络运营者、网络服务提供者、网络行业相关组织、社会公众等都应根据各自的角色参与网络安全治理工作。

第八条 国家网信部门负责统筹协调网络安全工作和相关监督管理工作。国务院电信主管部门、公安部门和其他有关机关依照本法和有关法律、行政法规的规定,在各自职责范围内负责网络安全保护和监督管理工作。

县级以上地方人民政府有关部门的网络安全保护和监督管理职责,按照国家有关规定确定。

第九条 网络运营者开展经营和服务活动,必须遵守法律、行政法规,尊重社会公德,遵守商业道德,诚实信用,履行网络安全保护义务,接受政府和社会的监督,承担社会责任。

4. 构建和平、安全、开放、合作的网络空间

第七条 国家积极开展网络空间治理、网络技术研发和标准制定、打击网络违法犯罪等方面的国际交流与合作,推动构建和平、安全、开放、合作的网络空间,建立多边、民主、透明的网络治理体系。(建设的四大目标和国际合作态度)

(二)各主体的职责任务

第五条 国家采取措施,监测、防御、处置来源于中华人民共和国境内外的网络安全风险和威胁,保护关键信息基础设施免受攻击、侵入、干扰和破坏,依法惩治网络违法犯罪活动,维护网络空间安全和秩序。(国家承担主要任务,解决行业自身力量不足问题)

第六条 国家倡导诚实守信、健康文明的网络行为,推动传播社会主

义核心价值观，采取措施提高全社会的网络安全意识和水平，形成全社会共同参与促进网络安全的良好环境。

第八条　国家网信部门负责统筹协调网络安全工作和相关监督管理工作。国务院电信主管部门、公安部门和其他有关机关依照本法和有关法律、行政法规的规定，在各自职责范围内负责网络安全保护和监督管理工作。

县级以上地方人民政府有关部门的网络安全保护和监督管理职责，按照国家有关规定确定。

第九条　网络运营者开展经营和服务活动，必须遵守法律、行政法规，尊重社会公德，遵守商业道德，诚实信用，履行网络安全保护义务，接受政府和社会的监督，承担社会责任。

第十条　建设、运营网络或者通过网络提供服务，应当依照法律、行政法规的规定和国家标准的强制性要求，采取技术措施和其他必要措施，保障网络安全、稳定运行，有效应对网络安全事件，防范网络违法犯罪活动，维护网络数据的完整性、保密性和可用性。

第十一条　网络相关行业组织按照章程，加强行业自律，制定网络安全行为规范，指导会员加强网络安全保护，提高网络安全保护水平，促进行业健康发展。

第十二条　国家保护公民、法人和其他组织依法使用网络的权利，促进网络接入普及，提升网络服务水平，为社会提供安全、便利的网络服务，保障网络信息依法有序自由流动。

任何个人和组织使用网络应当遵守宪法法律，遵守公共秩序，尊重社会公德，不得危害网络安全，不得利用网络从事危害国家安全、荣誉和利益、煽动颠覆国家政权、推翻社会主义制度，煽动分裂国家、破坏国家统一，宣扬恐怖主义、极端主义，宣扬民族仇恨、民族歧视，传播暴力、淫秽色情信息，编造、传播虚假信息扰乱经济秩序和社会秩序，以及侵害他人名誉、隐私、知识产权和其他合法权益等活动。

第十三条 国家支持研究开发有利于未成年人健康成长的网络产品和服务，依法惩治利用网络从事危害未成年人身心健康的活动，为未成年人提供安全、健康的网络环境。（未成年人保护）

第十四条 任何个人和组织有权对危害网络安全的行为向网信、电信、公安等部门举报。收到举报的部门应当及时依法作出处理；不属于本部门职责的，应当及时移送有权处理的部门。

有关部门应当对举报人的相关信息予以保密，保护举报人的合法权益。

三、网络安全支持与促进

（一）网络安全体系标准

网络安全标准化是网络安全保障体系建设的重要组成部分，在构建安全的网络空间、推动网络治理体系变革方面发挥着基础性、规范性、引领性作用。

第十五条 国家建立和完善网络安全标准体系。国务院标准化行政主管部门和国务院其他有关部门根据各自的职责，组织制定并适时修订有关网络安全管理以及网络产品、服务和运行安全的国家标准、行业标准。

国家支持企业、研究机构、高等学校、网络相关行业组织参与网络安全国家标准、行业标准的制定。

按照《网络安全法》的规定，今后所有的网络产品、服务均应当符合相关国家标准的强制性要求。

第十六条 国务院和省、自治区、直辖市人民政府应当统筹规划，加大投入，扶持重点网络安全技术产业和项目，支持网络安全技术的研究开发和应用，推广安全可信的网络产品和服务，保护网络技术知识产权，支持企业、研究机构和高等学校等参与国家网络安全技术创新项目。

第十七条 国家推进网络安全社会化服务体系建设，鼓励有关企业、机构开展网络安全认证、检测和风险评估等安全服务。

（二）鼓励创新技术、加大宣传教育

第十八条 国家鼓励开发网络数据安全保护和利用技术，促进公共数据资源开放，推动技术创新和经济社会发展。

国家支持创新网络安全管理方式，运用网络新技术，提升网络安全保护水平。

第十九条 各级人民政府及其有关部门应当组织开展经常性的网络安全宣传教育，并指导、督促有关单位做好网络安全宣传教育工作。

大众传播媒介应当有针对性地面向社会进行网络安全宣传教育。

第二十条 国家支持企业和高等学校、职业学校等教育培训机构开展网络安全相关教育与培训，采取多种方式培养网络安全人才，促进网络安全人才交流。（人才制度）

四、网络运营安全

（一）网络运营者的责任义务——般规定

1.明确网络运营者社会责任

第九条 网络运营者开展经营和服务活动，必须遵守法律、行政法规，尊重社会公德，遵守商业道德，诚实信用，履行网络安全保护义务，接受政府和社会的监督，承担社会责任。

2.设定了网络运营者安全责任和义务

第二十一条 国家实行网络安全等级保护制度。网络运营者应当按照网络安全等级保护制度的要求，履行下列安全保护义务，保障网络免受干扰、破坏或者未经授权的访问，防止网络数据泄露或者被窃取、篡改：（基本制度、基本国策，上升为法律）

（一）制定内部安全管理制度和操作规程，确定网络安全负责人，落实网络安全保护责任；

（二）采取防范计算机病毒和网络攻击、网络侵入等危害网络安全行为的技术措施；

（三）采取监测、记录网络运行状态、网络安全事件的技术措施，并按照规定留存相关的网络日志不少于六个月；

（四）采取数据分类、重要数据备份和加密等措施；

（五）法律、行政法规规定的其他义务。

第二十二条　网络产品、服务应当符合相关国家标准的强制性要求。网络产品、服务的提供者不得设置恶意程序；发现其网络产品、服务存在安全缺陷、漏洞等风险时，应当立即采取补救措施，按照规定及时告知用户并向有关主管部门报告。（检测报告）

网络产品、服务的提供者应当为其产品、服务持续提供安全维护；在规定或者当事人约定的期限内，不得终止提供安全维护。

网络产品、服务具有收集用户信息功能的，其提供者应当向用户明示并取得同意；涉及用户个人信息的，还应当遵守本法和有关法律、行政法规关于个人信息保护的规定。

第二十三条　网络关键设备和网络安全专用产品应当按照相关国家标准的强制性要求，由具备资格的机构安全认证合格或者安全检测符合要求后，方可销售或者提供。国家网信部门会同国务院有关部门制定、公布网络关键设备和网络安全专用产品目录，并推动安全认证和安全检测结果互认，避免重复认证、检测。

第二十四条　网络运营者为用户办理网络接入、域名注册服务，办理固定电话、移动电话等入网手续，或者为用户提供信息发布、即时通信等服务，在与用户签订协议或者确认提供服务时，应当要求用户提供真实身份信息。用户不提供真实身份信息的，网络运营者不得为其提供相关服务。

国家实施网络可信身份战略，支持研究开发安全、方便的电子身份认证技术，推动不同电子身份认证之间的互认。

第二十五条 网络运营者应当制定网络安全事件应急预案，及时处置系统漏洞、计算机病毒、网络攻击、网络侵入等安全风险；在发生危害网络安全的事件时，立即启动应急预案，采取相应的补救措施，并按照规定向有关主管部门报告。（应急预案、应急处置）

第二十六条 开展网络安全认证、检测、风险评估等活动，向社会发布系统漏洞、计算机病毒、网络攻击、网络侵入等网络安全信息，应当遵守国家有关规定。（第三方服务要守法）

第二十八条 网络运营者应当为公安机关、国家安全机关依法维护国家安全和侦查犯罪的活动提供技术支持和协助。（支持协助义务）

第二十九条 国家支持网络运营者之间在网络安全信息收集、分析、通报和应急处置等方面进行合作，提高网络运营者的安全保障能力。

有关行业组织建立健全本行业的网络安全保护规范和协作机制，加强对网络安全风险的分析评估，定期向会员进行风险警示，支持、协助会员应对网络安全风险。

3. 强化了网络运营者提供安全的网络产品和服务的义务

第二十二条 网络产品、服务应当符合相关国家标准的强制性要求。网络产品、服务的提供者不得设置恶意程序；发现其网络产品、服务存在安全缺陷、漏洞等风险时，应当立即采取补救措施，按照规定及时告知用户并向有关主管部门报告。

网络产品、服务的提供者应当为其产品、服务持续提供安全维护；在规定或者当事人约定的期限内，不得终止提供安全维护。

网络产品、服务具有收集用户信息功能的，其提供者应当向用户明示并取得同意；涉及用户个人信息的，还应当遵守本法和有关法律、行政法规关于个人信息保护的规定。

第二十三条　网络关键设备和网络安全专用产品应当按照相关国家标准的强制性要求，由具备资格的机构安全认证合格或者安全检测符合要求后，方可销售或者提供。国家网信部门会同国务院有关部门制定、公布网络关键设备和网络安全专用产品目录，并推动安全认证和安全检测结果互认，避免重复认证、检测。（产品销售许可证制度的实施）

第二十四条　网络运营者为用户办理网络接入、域名注册服务，办理固定电话、移动电话等入网手续，或者为用户提供信息发布、即时通信等服务，在与用户签订协议或者确认提供服务时，应当要求用户提供真实身份信息。用户不提供真实身份信息的，网络运营者不得为其提供相关服务。（实名制要求）

国家实施网络可信身份战略，支持研究开发安全、方便的电子身份认证技术，推动不同电子身份认证之间的互认。（网络身份认证）

第二十七条　任何个人和组织不得从事非法侵入他人网络、干扰他人网络正常功能、窃取网络数据等危害网络安全的活动；不得提供专门用于从事侵入网络、干扰网络正常功能及防护措施、窃取网络数据等危害网络安全活动的程序、工具；明知他人从事危害网络安全的活动的，不得为其提供技术支持、广告推广、支付结算等帮助。（禁止网络犯罪和支持协助犯罪）

（二）关键信息基础设施的运行安全

关键信息基础设施：是指那些一旦遭到破坏、丧失功能或者数据泄露，可能严重危害国家安全、国计民生、公共利益的系统和设施。

《网络安全法》强调在网络安全等级保护制度的基础上，对关键信息基础设施实行重点保护，明确关键信息基础设施的运营者负有更多的安全保护义务，并配以国家安全审查、重要数据强制本地存储等法律措施，确保关键信息基础设施的运行安全。

第三十一条　国家对公共通信和信息服务、能源、交通、水利、金融、公共服务、电子政务等重要行业和领域，以及其他一旦遭到破坏、丧失功能或者数据泄露，可能严重危害国家安全、国计民生、公共利益的关键信息基础设施，在网络安全等级保护制度的基础上，实行重点保护。关键信息基础设施的具体范围和安全保护办法由国务院制定。（必须落实国家等级保护制度）

国家鼓励关键信息基础设施以外的网络运营者自愿参与关键信息基础设施保护体系。

《网络安全法》从国家和关键信息基础设施运营者两大层面，明确了对关键信息基础设施安全保护的法律义务与责任。

1. 国家

第三十二条　按照国务院规定的职责分工，负责关键信息基础设施安全保护工作的部门分别编制并组织实施本行业、本领域的关键信息基础设施安全规划，指导和监督关键信息基础设施运行安全保护工作。（制定规划）

第三十三条　建设关键信息基础设施应当确保其具有支持业务稳定、持续运行的性能，并保证安全技术措施同步规划、同步建设、同步使用。（三同步原则）

2. 运营者

第二十一条、第三十四条专门设定了关键信息基础设施的运营者应当履行的四大安全保护义务和一项兜底条款。

第三十四条 除本法第二十一条的规定外，关键信息基础设施的运营者还应当履行下列安全保护义务：（重点措施）

（一）设置专门安全管理机构和安全管理负责人，并对该负责人和关键岗位的人员进行安全背景审查；

（二）定期对从业人员进行网络安全教育、技术培训和技能考核；

（三）对重要系统和数据库进行容灾备份；

（四）制定网络安全事件应急预案，并定期进行演练；

（五）法律、行政法规规定的其他义务。

第三十五条 关键信息基础设施的运营者采购网络产品和服务，可能影响国家安全的，应当通过国家网信部门会同国务院有关部门组织的国家安全审查。（非常态的网络产品和服务的国家安全审查）

第三十六条 关键信息基础设施的运营者采购网络产品和服务，应当按照规定与提供者签订安全保密协议，明确安全和保密义务与责任。（外包服务安全）

第三十七条 关键信息基础设施的运营者在中华人民共和国境内运营中收集和产生的个人信息和重要数据应当在境内存储。因业务需要，确需向境外提供的，应当按照国家网信部门会同国务院有关部门制定的办法进行安全评估；法律、行政法规另有规定的，依照其规定。

第三十八条 关键信息基础设施的运营者应当自行或者委托网络安全服务机构对其网络的安全性和可能存在的风险每年至少进行一次检测评估，并将检测评估情况和改进措施报送相关负责关键信息基础设施安全保护工作的部门。

五、网络信息安全

完善个人信息保护主要有四大亮点：

①网络运营者收集、使用个人信息必须符合合法、正当、必要原则。

②规定网络运营商收集、使用公民个人信息的目的明确原则和知情同意原则。

③明确公民个人信息的删除权和更正权。

④规定了网络安全监督管理机构及其工作人员对公民个人信息、隐私和商业秘密的保密制度等。

根据最高人民法院和最高人民检察院发布的《关于办理侵犯公民个人信息刑事案件适用法律若干问题的解释》，非法出售公民信息获利5000元以上最高可判处3年有期徒刑。

1. 保护用户权益并确立边界

第四十条　网络运营者应当对其收集的用户信息严格保密，并建立健全用户信息保护制度。

第四十一条　网络运营者收集、使用个人信息，应当遵循合法、正当、必要的原则，公开收集、使用规则，明示收集、使用信息的目的、方式和范围，并经被收集者同意。

网络运营者不得收集与其提供的服务无关的个人信息，不得违反法律、行政法规的规定和双方的约定收集、使用个人信息，并应当依照法律、行政法规的规定和与用户的约定，处理其保存的个人信息。（强化个人信息保护）

2. 网络运营者、组织和个人处置违法信息的义务

第四十二条 网络运营者不得泄露、篡改、毁损其收集的个人信息；未经被收集者同意，不得向他人提供个人信息。但是，经过处理无法识别特定个人且不能复原的除外。

网络运营者应当采取技术措施和其他必要措施，确保其收集的个人信息安全，防止信息泄露、毁损、丢失。在发生或者可能发生个人信息的泄露、毁损、丢失况时，应当立即采取补救措施，按照规定及时告知用户并向有关主管部门报告。（网络运营者对个人信息保护责任）

第四十七条 网络运营者应当加强对其用户发布的信息的管理，发现法律、行政法规禁止发布或者传输的信息的，应当立即停止传输该信息，采取消除等处置措施，防止信息扩散，保存有关记录，并向有关主管部门报告。（违法信息传播的阻断义务）

第四十九条 网络运营者应当建立网络信息安全投诉、举报制度，公布投诉、举报方式等信息，及时受理并处理有关网络信息安全的投诉和举报。

网络运营者对网信部门和有关部门依法实施的监督检查，应当予以配合。（配合义务）

第四十四条 任何个人和组织不得窃取或者以其他非法方式获取个人信息，不得非法出售或者非法向他人提供个人信息。

第四十六条 任何个人和组织应当对其使用网络的行为负责，不得设立用于实施诈骗，传授犯罪方法，制作或者销售违禁物品、管制物品等违法犯罪活动的网站、通讯群组，不得利用网络发布涉及实施诈骗，制作或者销售违禁物品、管制物品以及其他违法犯罪活动的信息。

第四十八条 任何个人和组织发送的电子信息、提供的应用软件，不得设置恶意程序，不得含有法律、行政法规禁止发布或者传输的信息。（禁止传播违法信息）

电子信息发送服务提供者和应用软件下载服务提供者，应当履行安全管理义务，知道其用户有前款规定行为的，应当停止提供服务，采取消除等处置措施，保存有关记录，并向有关主管部门报告。（违法信息传播的阻断义务）

3. 对网络诈骗溯源追责：重罚甚至吊销执照

第六十四条　网络运营者、网络产品或者服务的提供者违反本法第二十二条第三款、第四十一条至第四十三条规定，侵害个人信息依法得到保护的权利的，由有关主管部门责令改正，可以根据情节单处或者并处警告、没收违法所得、处违法所得一倍以上十倍以下罚款，没有违法所得的，处一百万元以下罚款，对直接负责的主管人员和其他直接责任人员处一万元以上十万元以下罚款；情节严重的，并可以责令暂停相关业务、停业整顿、关闭网站、吊销相关业务许可证或者吊销营业执照。

违反本法第四十四条规定，窃取或者以其他非法方式获取、非法出售或者非法向他人提供个人信息，尚不构成犯罪的，由公安机关没收违法所得，并处违法所得一倍以上十倍以下罚款，没有违法所得的，处一百万元以下罚款。

第四十三条　个人发现网络运营者违反法律、行政法规的规定或者双方的约定收集、使用其个人信息的，有权要求网络运营者删除其个人信息；发现网络运营者收集、存储的其个人信息有错误的，有权要求网络运营者予以更正。网络运营者应当采取措施予以删除或者更正。

4. 主管部门职责和监管人员责任

第四十五条　依法负有网络安全监督管理职责的部门及其工作人员，必须对在履行职责中知悉的个人信息、隐私和商业秘密严格保密，不得泄露、出售或者非法向他人提供。（监管人员责任）

第五十条 国家网信部门和有关部门依法履行网络信息安全监督管理职责，发现法律、行政法规禁止发布或者传输的信息的，应当要求网络运营者停止传输，采取消除等处置措施，保存有关记录；对来源于中华人民共和国境外的上述信息，应当通知有关机构采取技术措施和其他必要措施阻断传播。

六、监测预警与应急处置

1. 建立统一的监测预警、信息通报和应急处置制度和体系

第五十一条 国家建立网络安全监测预警和信息通报制度。国家网信部门应当统筹协调有关部门加强网络安全信息收集、分析和通报工作，按照规定统一发布网络安全监测预警信息。（将信息通报制度上升为法律）

2. 建立健全网络安全风险评估和应急工作机制

第五十三条 国家网信部门协调有关部门建立健全网络安全风险评估和应急工作机制，制定网络安全事件应急预案，并定期组织演练。

负责关键信息基础设施安全保护工作的部门应当制定本行业、本领域的网络安全事件应急预案，并定期组织演练。

网络安全事件应急预案应当按照事件发生后的危害程度、影响范围等因素对网络安全事件进行分级，并规定相应的应急处置措施。

3. 建立各领域的网络安全监测预警、信息通报和应急处置制度和体系

第五十二条 负责关键信息基础设施安全保护工作的部门，应当建立健全本行业、本领域的网络安全监测预警和信息通报制度，并按照规定报送网络安全监测预警信息。（要求行业建立信息通报制度）

重要行业内部网络安全通报机制建设要求：

要有组织结构：主管领导、负责部门、成员单位、专家力量、技术支持单位。

要有通报制度：职责分工、人员力量、工作规范、考核标准。

要有通报载体：通报刊物、通报平台。

要达到的效果：组织协调有力、情况及时通报、应急处置快速、机制运转顺畅。

4.网络安全信息的监测、分析和预警

第五十四条 网络安全事件发生的风险增大时，省级以上人民政府有关部门应当按照规定的权限和程序，并根据网络安全风险的特点和可能造成的危害，采取下列措施：

（一）要求有关部门、机构和人员及时收集、报告有关信息，加强对网络安全风险的监测；

（二）组织有关部门、机构和专业人员，对网络安全风险信息进行分析评估，预测事件发生的可能性、影响范围和危害程度；

（三）向社会发布网络安全风险预警，发布避免、减轻危害的措施。

5.网络安全事件的应急处置

第五十五条 发生网络安全事件，应当立即启动网络安全事件应急预案，对网络安全事件进行调查和评估，要求网络运营者采取技术措施和其他必要措施，消除安全隐患，防止危害扩大，并及时向社会发布与公众有关的警示信息。（事件应急处置）

第五十六条 省级以上人民政府有关部门在履行网络安全监督管理职责中，发现网络存在较大安全风险或者发生安全事件的，可以按照规定的权限和程序对该网络的运营者的法定代表人或者主要负责人进行约谈。网

络运营者应当按照要求采取措施，进行整改，消除隐患。（约谈）

第五十七条　因网络安全事件，发生突发事件或者生产安全事故的，应当依照《中华人民共和国突发事件应对法》《中华人民共和国安全生产法》等有关法律、行政法规的规定处置。

6.网络通信管制

第五十八条　因维护国家安全和社会公共秩序，处置重大突发社会安全事件的需要，经国务院决定或者批准，可以在特定区域对网络通信采取限制等临时措施。（通信管制）

网络通信限制实施条件：

①必须是为了处置重大突发社会安全事件的需要。

②处置的范围是特定区域，且是临时性措施。

③实施网络通信管制须经国务院决定或者批准。

七、法律责任

第五十九条　网络运营者不履行本法第二十一条、第二十五条规定的网络安全保护义务的，由有关主管部门责令改正，给予警告；拒不改正或者导致危害网络安全等后果的，处一万元以上十万元以下罚款，对直接负责的主管人员处五千元以上五万元以下罚款。

关键信息基础设施的运营者不履行本法第三十三条、第三十四条、第三十六条、第三十八条规定的网络安全保护义务的，由有关主管部门责令改正，给予警告；拒不改正或者导致危害网络安全等后果的，处十万元以上一百万元以下罚款，对直接负责的主管人员处一万元以上十万元以下罚款。

第六十条 违反本法第二十二条第一款、第二款和第四十八条第一款规定，有下列行为之一的，由有关主管部门责令改正，给予警告；拒不改正或者导致危害网络安全等后果的，处五万元以上五十万元以下罚款，对直接负责的主管人员处一万元以上十万元以下罚款：（网络产品、服务商）

（一）设置恶意程序的；

（二）对其产品、服务存在的安全缺陷、漏洞等风险未立即采取补救措施，或者未按照规定及时告知用户并向有关主管部门报告的；

（三）擅自终止为其产品、服务提供安全维护的。

第六十一条 网络运营者违反本法第二十四条第一款规定，未要求用户提供真实身份信息，或者对不提供真实身份信息的用户提供相关服务的，由有关主管部门责令改正；拒不改正或者情节严重的，处五万元以上五十万元以下罚款，并可以由有关主管部门责令暂停相关业务、停业整顿、关闭网站、吊销相关业务许可证或者吊销营业执照，对直接负责的主管人员和其他直接责任人员处一万元以上十万元以下罚款。

第六十二条 违反本法第二十六条规定，开展网络安全认证、检测、风险评估等活动，或者向社会发布系统漏洞、计算机病毒、网络攻击、网络侵入等网络安全信息的，由有关主管部门责令改正，给予警告；拒不改正或者情节严重的，处一万元以上十万元以下罚款，并可以由有关主管部门责令暂停相关业务、停业整顿、关闭网站、吊销相关业务许可证或者吊销营业执照，对直接负责的主管人员和其他直接责任人员处五千元以上五万元以下罚款。

第六十三条 违反本法第二十七条规定，从事危害网络安全的活动，或者提供专门用于从事危害网络安全活动的程序、工具，或者为他人从事危害网络安全的活动提供技术支持、广告推广、支付结算等帮助，尚不构成犯罪的，由公安机关没收违法所得，处五日以下拘留，可以并处五万元以上五十万元以下罚款；情节较重的，处五日以上十五日以下拘留，可以

并处十万元以上一百万元以下罚款。（处罚违法或协助违法）

单位有前款行为的，由公安机关没收违法所得，处十万元以上一百万元以下罚款，并对直接负责的主管人员和其他直接责任人员依照前款规定处罚。

违反本法第二十七条规定，受到治安管理处罚的人员，五年内不得从事网络安全管理和网络运营关键岗位的工作；受到刑事处罚的人员，终身不得从事网络安全管理和网络运营关键岗位的工作。

第六十四条 网络运营者、网络产品或者服务的提供者违反本法第二十二条第三款、第四十一条至第四十三条规定，侵害个人信息依法得到保护的权利的，由有关主管部门责令改正，可以根据情节单处或者并处警告、没收违法所得、处违法所得一倍以上十倍以下罚款，没有违法所得的，处一百万元以下罚款，对直接负责的主管人员和其他直接责任人员处一万元以上十万元以下罚款；情节严重的，并可以责令暂停相关业务、停业整顿、关闭网站、吊销相关业务许可证或者吊销营业执照。

违反本法第四十四条规定，窃取或者以其他非法方式获取、非法出售或者非法向他人提供个人信息，尚不构成犯罪的，由公安机关没收违法所得，并处违法所得一倍以上十倍以下罚款，没有违法所得的，处一百万元以下罚款。

第六十五条 关键信息基础设施的运营者违反本法第三十五条规定，使用未经安全审查或者安全审查未通过的网络产品或者服务的，由有关主管部门责令停止使用，处采购金额一倍以上十倍以下罚款；对直接负责的主管人员和其他直接责任人员处一万元以上十万元以下罚款。

第六十六条 关键信息基础设施的运营者违反本法第三十七条规定，在境外存储网络数据，或者向境外提供网络数据的，由有关主管部门责令改正，给予警告，没收违法所得，处五万元以上五十万元以下罚款，并可以责令暂停相关业务、停业整顿、关闭网站、吊销相关业务许可证或者吊

销营业执照；对直接负责的主管人员和其他直接责任人员处一万元以上十万元以下罚款。（处罚数据境外存储、向境外提供）

第六十七条　违反本法第四十六条规定，设立用于实施违法犯罪活动的网站、通讯群组，或者利用网络发布涉及实施违法犯罪活动的信息，尚不构成犯罪的，由公安机关处五日以下拘留，可以并处一万元以上十万元以下罚款；情节较重的，处五日以上十五日以下拘留，可以并处五万元以上五十万元以下罚款。关闭用于实施违法犯罪活动的网站、通讯群组。

单位有前款行为的，由公安机关处十万元以上五十万元以下罚款，并对直接负责的主管人员和其他直接责任人员依照前款规定处罚。（对设立非法网站、通讯群组，发布违法信息进行处罚）

第六十八条　网络运营者违反本法第四十七条规定，对法律、行政法规禁止发布或者传输的信息未停止传输、采取消除等处置措施、保存有关记录的，由有关主管部门责令改正，给予警告，没收违法所得；拒不改正或者情节严重的，处十万元以上五十万元以下罚款，并可以责令暂停相关业务、停业整顿、关闭网站、吊销相关业务许可证或者吊销营业执照，对直接负责的主管人员和其他直接责任人员处一万元以上十万元以下罚款。

电子信息发送服务提供者、应用软件下载服务提供者，不履行本法第四十八条第二款规定的安全管理义务的，依照前款规定处罚。（未履行禁止义务的处罚）

第六十九条　网络运营者违反本法规定，有下列行为之一的，由有关主管部门责令改正；拒不改正或者情节严重的，处五万元以上五十万元以下罚款，对直接负责的主管人员和其他直接责任人员，处一万元以上十万元以下罚款：

（一）不按照有关部门的要求对法律、行政法规禁止发布或者传输的信息，采取停止传输、消除等处置措施的；

（二）拒绝、阻碍有关部门依法实施的监督检查的；

（三）拒不向公安机关、国家安全机关提供技术支持和协助的。（对网络运营者未履行职责、义务进行处罚）

第七十条 发布或者传输本法第十二条第二款和其他法律、行政法规禁止发布或者传输的信息的，依照有关法律、行政法规的规定处罚。

第七十一条 有本法规定的违法行为的，依照有关法律、行政法规的规定记入信用档案，并予以公示。

第七十二条 国家机关政务网络的运营者不履行本法规定的网络安全保护义务的，由其上级机关或者有关机关责令改正；对直接负责的主管人员和其他直接责任人员依法给予处分。

第七十三条 网信部门和有关部门违反本法第三十条规定，将在履行网络安全保护职责中获取的信息用于其他用途的，对直接负责的主管人员和其他直接责任人员依法给予处分。

网信部门和有关部门的工作人员玩忽职守、滥用职权、徇私舞弊，尚不构成犯罪的，依法给予处分。

第七十四条 违反本法规定，给他人造成损害的，依法承担民事责任。

违反本法规定，构成违反治安管理行为的，依法给予治安管理处罚；构成犯罪的，依法追究刑事责任。

第七十五条 境外的机构、组织、个人从事攻击、侵入、干扰、破坏等危害中华人民共和国的关键信息基础设施的活动，造成严重后果的，依法追究法律责任；国务院公安部门和有关部门并可以决定对该机构、组织、个人采取冻结财产或者其他必要的制裁措施。

第五十九条至第七十五条对应第二十一条至第四十九条应负法律责任。

八、适用范围

　　第二条　在中华人民共和国境内建设、运营、维护和使用网络，以及网络安全的监督管理，适用本法。

　　第七十七条　存储、处理涉及国家秘密信息的网络的运行安全保护，除应当遵守本法外，还应当遵守保密法律、行政法规的规定。

　　第七十八条　军事网络的安全保护，由中央军事委员会另行规定。

习　题

　　1.请列举《网络安全法》对网络、网络安全、网络运营者、网络数据、个人信息用语的定义。

　　2.什么是关键信息基础设施？

　　3.国家网信部门应当统筹协调有关部门对关键信息基础设施的安全保护采取哪些措施？

　　4.互联网安全事件发生的风险增大时，省级以上人民政府有关部门应当采取哪些措施？

　　5.分析一下目前关键信息基础设施网络安全存在的问题并提出工作建议。

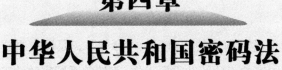

第四章

中华人民共和国密码法

　　《中华人民共和国密码法》由中华人民共和国第十三届全国人民代表大会常务委员会第十四次会议于 2019 年 10 月 26 日通过，由中华人民共和国第三十五号主席令颁布，自 2020 年 1 月 1 日起施行，共五章四十四条。

第一节　立法定位

　　密码是我们党和国家的"命门""命脉"，是国家重要战略资源。密码工作是党和国家的一项特殊重要工作，直接关系国家政治安全、经济安全、国防安全和信息安全，在我国革命、建设、改革各个历史时期，都发挥了不可替代的重要作用。《密码法》是中国密码领域的综合性、基础性法律。是总体国家安全观框架下，国家安全法律体系的重要组成部分，其颁布实施将极大提升密码工作的科学化、规范化、法治化水平，有力促进密码技术进步、产业发展和规范应用，切实维护国家安全、社会公共利益以及公民、法人和其他组织的合法权益，同时也将为密码部门提高"三服务"能力提供坚实的法治保障。密码法立法过程中，明确对核心密码、普通密码与商用密码实行分类管理的原则。在核心密码、普通密码方面，深入贯彻总体国家安全观，将现行有效的基本制度、特殊管理政策及保障措施法治化；在商用密码方面，充分体现职能转变和"放管服"改革要求，明确公民、法人和其他组织均可依法使用。注重把握职能转变和"放管服"要求与保障国家安全的平衡。在明确鼓励商用密码产业发展、突出标准引领作用的基础上，对涉及国家安全、国计民生、社会公共利益，列入网络关键设备和网络安全专用产品目录的产品，以及关键信息基础设施的运营者采购等部分，规定了适度的管制措施。注意处理好《密码法》与《网络安全法》《中华人民共和国保守国家秘密法》（简称《保守国家秘密法》）等有关法律的关系。在商用密码管理和相应法律责任设定方面，与《网络安全法》的有关制度，如强制检测认证、安全性评估、国家安全审查等进行了衔接；同时，鉴于核心密码、普通密码属于国家秘密，在核心密码、普通密码的管理方面与保守国家秘密法作了衔接。

第二节　重要意义

1. 构建国家安全法律制度体系的重要举措

制定和实施《密码法》对于深入贯彻和实施习近平总书记关于密码重要工作指示批示精神，全面提升密码工作的法制化和现代化水平，更好发挥密码在维护国家安全、促进社会经济发展、保护人民群众利益方面具有的重要作用，意义十分重大。党的十八届四中全会提出，贯彻落实总体国家安全观，加快国家安全法治建设，构建国家安全法律制度体系。密码工作直接关系国家政治安全、经济安全、国防安全和信息安全。党中央高度重视密码立法工作，将密码法作为国家安全法律制度体系的重要组成部分，强调要在国家安全法治建设的大盘子中研究制定密码法，把党对密码工作的最新要求通过法定程序转化为国家意志。制定和实施密码法，填补了我国密码领域长期存在的法律空白，对于加快密码法治建设、理顺国家安全领域相关法律法规关系、完善国家安全法律制度体系具有重要意义。

2. 维护国家网络空间主权安全的重要举措

当今世界，网络信息技术日新月异，网络安全已经成为影响经济发展、社会长治久安和人民群众福祉的重大战略问题。网络空间安全的重要性不言而喻。密码是目前世界上公认的，保障网络与信息安全最有效、最可靠、最经济的关键核心技术。在信息化高度发展的今天，密码的应用已经渗透到社会生产生活各个方面，从涉及政权安全的保密通信、军事指挥，到涉及国民经济的金融交易、防伪税控，再到涉及公民权益的电子支付、网上办事等等，密码都在背后发挥着基础支撑作用。制定和实施密码法，就是要把密码应用和管理的基本制度及时上升为法律规范，把重要领域的密码应用，包括基础能力提升、商用密码的检测认证、商用密码应用安全性评估以及国家安全审查等一系列制度及时上升为法律规范，引导全社会合规、正确、有效地使用密码，规范网络空间密码安全保障工作，推动构建以密码技术为核心、多种技术交叉融合的网络空间新安全体制，努力做到党和国家战略推进到哪里，密码就保障到哪里。

3. 推动密码事业高质量发展的重要举措。

我们党的密码工作诞生于烽火硝烟的 1930 年 1 月，是毛泽东、周恩来等老一辈无产阶级革命家亲自领导创建的，已经走过了百年的光辉历程。革命战争年代，党中央通过密码通信这一重要渠道运筹帷幄、决胜千里。仅在指挥三大战役期间，毛泽东同志就亲自起草密码电报 197 份，批签密码电报上千份。电影《永不消逝的电波》中李侠的人物原型——中共上海地下党员李白以及被誉为"龙潭三杰"之一的钱壮飞等革命烈士都是密码战线的优秀代表。党的十八大以来，在以习近平同志为核心的党中央坚强领导下，在中央密码工作领导小组领导指挥下，密码事业取得历史性成就、实现历史性变革。制定和实施密码法，就是要适应新的形势发展需要，推进密码领域职能转变和"放管服"改革，建立健全密码法治实施、监督、保障体系，规范密码产业秩序，提升密码自主创新水平和供给能力，为密码事业又好又快发展提供制度保障

第三节　基本原则

1. 坚持党管密码和依法管理相统一

《密码法》立法坚持党管密码和依法管理相统一，着眼我国国家安全新形势和密码广泛应用新挑战的时代需求，为构建与国家治理体系和治理能力现代化相适应的密码法律制度体系奠定了重要基础，为确保密码使用优质高效、确保密码管理安全可靠提供了坚实的法治保障。党管密码才能保证密码管理沿着正确的方向不偏离、不走样。依法管理才能确保党对密码工作的大政方针落地生根，有效实施。《密码法》的颁布实施，将有力提升密码工作的科学化、规范化、法治化水平，极大促进密码技术进步、产业发展和规范应用，切实维护国家安全、社会公共利益以及公民、法人和其他组织的合法权益。

2. 坚持创新发展和确保安全相统一

安全是发展的基础，发展是安全的保障。鼓励密码科技进步和创新，充分调度各方面积极性，保护密码领域知识产权，实施密码工作表彰奖励，促进密码产业发展。

3.坚持简政放权和加强监管相统一

习近平总书记在十九大报告中强调支出，要深化机构改革和行政体制改革，转变政府职能，深化简政放权，创新监管方式。

第四节　总体框架

本法总体框架共五章四十四条，网上有全文，简短但内容很丰富。

总则部分：明确了立法的目的、密码概念、工作原则、密码工作的领导体制、四级管理体制、分管理、一般性规定、密码科技进步、人才队伍建设、工作表彰奖励、密码安全教育、密码工作规划和经费预算、禁止犯罪等。

核心密码和普通密码：明确了核心密码和普通密码管理原则、使用制度、安全管理制度、监督检查制度和工作保证制度。

商用密码：明确了商用密码管理原则、商用密码标准体系、商用密码国际标准化、商用密码标准法律效力、商用密码检测认证体系、商用密码市场准入管理、关键信息基础设施商用密码使用要求、商用密码进出口管理、政务活动管理、商用密码行业协会以及商用密码事中事后监管。

法律责任部分：明确了从事密码违法活动的法律责任、核心密码、普通密码使用违法法律责任、核心密码、普通密码泄密等安全问题的法律责任、商用密码检测、认证违法的法律责任、商用密码产品、服务市场准入违法的法律责任、关键信息基础设施运营者违反本法的法律责任、工作人员法律责任、刑事民事责任。

附则部分：对国家密码管理部门的责任等进行了明确定义，明确本法适用中的注意事项。

第五节 主要内容

一、总则

（一）立法目的

第一条 为了规范密码应用和管理，促进密码事业发展，保障网络与信息安全，维护国家安全和社会公共利益，保护公民、法人和其他组织的合法权益，制定本法。（立法目的）

（二）密码概念

1. 密码的功能

密码 (cryptography)，是指采用特定变换的方法对信息等进行加密保护、安全认证的技术、产品和服务。人们日常接触的计算机或手机开机"密码"、微信"密码"、QQ"密码"、电子邮箱登录"密码"、银行卡支付"密码"等，实际上是口令 (password)。口令是进入个人计算机、手机、电子邮箱或银行账户的"通行证"，是一种简单、初级的身认证手段，是最简易的密码。

密码的主要功能有两个，一个是加密保护，另一个是安全认证。

加密保护是指采用特定变换的方法，将原来可读的信息变成不能直接识别的符号序列。简单地说，加密保护就是将明文变成密文。

安全认证是指采用特定变换的方法，确认信息是否完整、是否被篡改、是否可靠以及行为是否真实。简单地说，安全认证就是确认主体和信息的真实可靠性。

2. 密码的范畴

作为本法的管理对象，密码包括密码技术、密码产品和密码服务。

密码技术是指采用特定变换的方法对信息等进行加密保护、安全认证的技术，包括密码编码、实现、协议、安全防护、分析破译，以及密钥产生、分发、传送、使用、销毁等技术。分组密码算法（如 SM4 算法）、公钥密码算法（如 SM2 算法）等是典型的密码算法，密钥交换协议、密钥分发协议等是典型的密码协议。

密码产品是指采用密码技术进行加密保护、安全认证的产品，即承载密码技术、实现密码功能的实体。典型的密码产品包括：密码机，如链路密码机、网络密码机、服务器密码机、传真密码机、电话密码机等；密码芯片和模块，如第二代居民身份证、智能电卡、社会保障卡、金融芯片卡中使用的密码芯片、可信计算密码模块等。

密码服务是指基于密码专业技术、技能和设施，为他人提供集成、运营、监理等密码支持和保障的活动，即基于密码技术和产品，实现密码功能、提供密码保障的行为。

典型的密码服务包括密码保障系统集成（如数字证书认证系统集成），是指为他人集成建设实现密码功能的系统，保护他人网络与信息系统的安全；密码保障系统运营（如增值税发票防伪税控系统运营），是指为保证他人实现密码功能系统的正常运行提供安全管理和维护。

随着网络与信息化的飞速发展，基于密码专业技术、技能和设施为他人提供集成、运营、监理等密码支持和保障的密码服务活动日益增多。这些活动专业性强，直接关系到国家安全和社会公共利益，亟须依法规范。因此，《密码法》将密码服务作为管理对象纳入管理范畴，在法律的框架下进行监管。

第二条 本法所称密码，是指采用特定变换的方法对信息等进行加密保护、安全认证的技术、产品和服务。（密码概念）

（三）工作原则

1. 坚持总体国家安全观

党的十九大报告明确"坚持总体国家安全观"是新时代坚持和发展中国特色社会主义的基本方略之一，提出必须坚持国家利益至上，以人民安全为宗旨，以政治安全为根本。统筹外部安全和内部安全、国土安全和国民安全、传统安全和非传统安全、自身安全和共同安全，完善国家安全制度体系，加强国家安全能力建设，坚决维护国家主权、安全、发展利益。

习近平总书记强调，要贯彻落实总体国家安全观，加快国家安全法治建设，构建国家安全法律制度体系。

密码是国家重要的战略资源，是国之重器。

密码工作是我们党对敌斗争的重要战场，是保证国家安全和根本利益的重要防线，是党中央、国务院、中央军委实施领导指挥的重要渠道，直接关系国家政治安全、经济安全、国防安全和信息安全。

《密码法》以法律形式明确总体国家安全观在密码工作中的指导思想地位，是贯彻落实中央决策部署的重要举措，是适应新的形势任务发展的必然要求，也是做好密码工作、切实维护各方安全和利益的迫切需要。

2. 密码工作的基本原则

（1）统一领导、分级负责

"统一领导、分级负责"是密码工作的首要原则。

统一领导是指全国密码工作在党中央领导下，由中央密码工作领导机构统一领导。《密码法》把"统一领导"作为密码工作的基本原则，就是要坚持党的绝对领导，这是密码工作最重要、最根本、最核心的原则，也是密码工作的优良传统和宝贵经验。

分级负责是指国家和省、市、县四级密码管理部门分别负责管理全国和本行政区域的密码工作。根据密码工作的现实需要，参考其他工作领域管理体制改革发展的经验，《密码法》明确了各级密码管理部门的行政主体地位，确立了分级负责的密码工作管理体制。

（2）创新发展、服务大局

坚持创新发展，就是要以科技创新为核心，以管理创新为推动，以制度创新为保证，支持密码科学技术研究，推动密码产业发展，使密码工作始终体现时代性、把握规律性、富于创造性，为保障网络与信息安全、维护国家网络空间主权提供有力的技术支撑。

坚持服务大局，就是要紧紧围绕国家创新驱动发展战略，部署好密码科技自主创新，实现密码科技跨越式发展；要紧紧围绕国家安全战略，加大密码核心关键技术攻关和密码应用，充分发挥密码在保安全促发展中的支撑作用；要紧紧围绕中央全面深化改革的战略部署，全面深化密码管理体制改革，加快政府职能转变；要紧紧围绕经济结构调整，加快推进密码产业发展，经济社会持续健康发展，为实现"两个一百年"奋斗目标、实现中华民族伟大复兴的中国梦做出贡献。

（3）依法管理、保障安全

将密码管理的各个方面全面纳入法治轨道，是密码工作的基本要求，是提高密码工作科学化、规范化、制度化水平的必由之路。坚持依法管理，就是各级密码管理部门要严格按照《密码法》和有关法规、规章和规范性文件的规定，依法全面履行密码行政管理职能。依法管理是核心密码、普通密码、商用密码三类密码管理的共同要求。

密码安全关乎党和国家的根本利益,是密码工作的生命。坚持保障安全,就是要加强密码安全制度建设,完善密码安全管理措施,对密码管理重点关键环节实施有效监管,增强网络安全保障能力;要加强关键信息基础设施密码应用监管,建立完善密码安全性评估和安全审查制度,有效预防和化解网络安全风险;要加强密码安全协作机制建设,确保密码安全管理的协同联动和有序高效。

第三条 密码工作坚持总体国家安全观,遵循统一领导、分级负责,创新发展、服务大局,依法管理、保障安全的原则。(工作原则)

本条是关于密码工作原则的规定。

(四)密码工作的领导体制

1.坚持中国共产党对密码工作的领导

①密码工作的重大事项向中央报告,密码工作的重大决策由中央决定。

②坚决贯彻执行中央关于密码工作的方针政策,落实中央确定的密码工作领导和管理体制。

③充分发挥党的领导核心作用各级党委(党组)和密码工作领导机构要认真履行党管密码的政治责任。

2.以法律的形式明确了密码工作的领导体制

《密码法》明确规定,中央密码工作领导机构,即中央密码工作领导小组,对全国密码工作实行统一领导,把中央确定的密码工作领导体制,通过法律形式固化下来,为密码工作沿着正确方向发展提供根本保证。

中央密码工作领导小组统一领导全国密码工作,负责制定国家密码工作重大方针政策,统筹协调国家密码重大事项和重要工作,推进国家密码法治建设。

第四条 坚持中国共产党对密码工作的领导。中央密码工作领导机构对全国密码工作实行统一领导，制定国家密码工作重大方针政策，统筹协调国家密码重大事项和重要工作，推进国家密码法治建设。（密码工作的领导体制）

（五）四级管理体制

1.国家、省、市、县四级密码工作管理体制

《密码法》明确了国家、省、市、县四级分级负责的密码工作管理体制，赋予了国家、省、市、县四级密码管理部门行政管理职责，从体制机制上为密码管理部门依法履行密码管理职能提供了坚实的法治保障。

各级密码管理部门要认真贯彻落实《密码法》的明确要求，依法确立行政主体地位。全面履行《密码法》赋予的行政管理职能，加快建立权力清单、责任清单和负面清单，完善监督执法机制，规范执法方式，推动管理职能转变和管理方式创新，自觉做到"职权法定""权依法使"。

2.国家机关和涉及密码工作的单位的密码工作职责

国家机关和涉及密码工作的单位根据工作需要，承担相应的密码工作职责，是密码工作管理体制的重要组成部分。

国家机关是指中央、省、市、县各级国家机关。涉及密码工作的单位是指除国家机关以外，承担密码管理职责的企事业单位等。这些机关、单位在其职责范围内负责本机关、本单位或本系统的密码工作。

第五条 国家密码管理部门负责管理全国的密码工作。县级以上地方各级密码管理部门负责管理本行政区域的密码工作。

国家机关和涉及密码工作的单位在其职责范围内负责本机关、本单位或者本系统的密码工作。（四级管理体制）

（六）分级管理

第六条 国家对密码实行分类管理。

密码分为核心密码、普通密码和商用密码。（分级管理）

（七）一般性规定

核心密码、普通密码用于保护国家秘密信息，有力保障中央政令军令安全，为维护国家网络空间主权、安全和发展利益构筑起密码屏障。按照《保守国家秘密法》的规定，国家秘密是指关系国家安全和利益，依照法定程序确定，在一定时间内只限一定范围的人员知悉的事项。本法根据保护对象的不同，对核心密码、普通密码进行划分。核心密码用于保护国家绝密级、机密级、秘密级信息，普通密码用于保护国家机密级、秘密级信息。

第七条 核心密码、普通密码用于保护国家秘密信息，核心密码保护信息的最高密级为绝密级，普通密码保护信息的最高密级为机密级。

核心密码、普通密码属于国家秘密。密码管理部门依照本法和有关法律、行政法规、国家有关规定对核心密码、普通密码实行严格统一管理。（一般性规定）

商用密码的概念：1999年，国务院颁布施行《商用密码管理条例》（国务院令第273号），商用密码的名称开始为社会所熟知和广泛使用。商用密码用于保护不属于国家秘密的信息。也就是说，商用密码可以用于保护除国家秘密之外的所有信息，既可以保护企业商业秘密、公民个人隐私，也可以保护政务领域中不属于国家秘密的工作信息。

第八条 商用密码用于保护不属于国家秘密的信息。

公民、法人和其他组织可以依法使用商用密码保护网络与信息安全。

（八）密码科技进步、人才队伍建设、工作表彰奖励

①要促进密码科学技术进步和创新。

②要加强密码人才培养和队伍建设。

③要建立健全密码工作表彰奖励制度。

第九条 国家鼓励和支持密码科学技术研究和应用，依法保护密码领域的知识产权，促进密码科学技术进步和创新。

国家加强密码人才培养和队伍建设，对在密码工作中做出突出贡献的组织和个人，按照国家有关规定给予表彰和奖励。（密码科技进步、人才队伍建设、工作表彰奖励）

（九）密码安全教育

1. 采取多种形式加强密码安全教育

密码安全事关国家安全，密码安全意识是国家安全意识的重要内容。密码安全教育是密码工作的重要组成部分，对密码工作高质量发展起着重要的导向和促进作用。做好密码安全教育工作，对于正确贯彻中央关于密码工作的方针政策，提高全民密码安全意识，引导全社会合规、正确、有效使用密码，确保密码使用优质高效，确保密码管理安全可靠，具有重要意义。

密码安全教育要与学习贯彻总体国家安全观紧密结合起来，以学习宣传贯彻《密码法》为重要抓手，面向不同人群，开展不同形式的密码安全教育，增强安全教育的针对性和实效性。广大党员特别是各级领导干部要带头学法、懂法、守法、用法，深刻领会制定《密码法》的重要意义，准确把握《密码法》的基本要义，切实增强密码安全意识，维护国家密码安全。

组织做好密码法的学习、宣传和培训工作。各级密码管理部门和涉及密码工作的机关、单位要采取多种形式，组织好本部门、本单位的学习、

宣传和培训工作，让密码工作人员深刻理解、全面掌握《密码法》的各项规定，自觉将《密码法》的各项制度运用到工作实践中去，不断提高依法从事密码工作的能力和水平。

加强对全民的密码安全教育，开展多种形式的密码安全教育活动。

①充分利用"全民国家安全教育日""国家网络安全宣传周"等平台，深入开展《密码法》普及宣传活动，推动密码安全教育进社会、进课堂、进教材、进网络，努力在全社会营造"知密码、懂密码、用密码"的浓厚氛围，不断增强公民、法人和其他组织的密码安全意识。

②充分利用传统媒体和新兴媒体，充分发挥中国密码学会、商用密码领域的行业协会等社会团体和全国商用密码展览会、《密码学报》、全国密码技术竞赛等学术、产业交流平台的作用，创新宣传方式和手段，加大密码知识科普工作的力度，增强密码社会认知度和应用密码保护信息安全的意识。

③各级教育主管部门和公务员主管部门将密码安全教育纳入国民教育体系和公务员教育培训体系，加强对大中小学生密码常识和密码安全意识的培养，加大对各级领导干部进行密码培训的力度，推动密码知识进校园，进党校 (行政学院)、干部学院。

2. 将密码安全教育纳入国民教育体系和公务员教育培训体系

国民教育体系，是指由正规学校教育的国家基本教育制度和体系，一般包括学前教育、小学教育、初中教育、高中教育和高等教育等层级，类型分为普通教育和职业教育。

在各阶段的教育过程中，开展密码常识、密码安全意识的教育，有利于提高全民密码安全意识，提高全社会自觉使用密码保护网络与信息安全、维护国家密码安全的意识。密码安全教育可以与网络安全相关教育合并开展。

为了在履行职责过程中更好地贯彻总体国家安全观，建设高素质的公务员队伍，有必要对公务员进行密码安全教育，将密码安全教育纳入公务员教育培训体系。公务员培训中，密码安全教育主要是关于密码常识、密码安全意识和密码工作的教育，有利于提高公务员的密码安全意识与履职能力。

第十条 国家采取多种形式加强密码安全教育，将密码安全教育纳入国民教育体系和公务员教育培训体系，增强公民、法人和其他组织的密码安全意识。（密码安全教育）

（十）密码工作规划和经费预算

为更好地推动密码工作，促进密码事业发展，县级以上人民政府应当将密码工作纳入本级国民经济、社会发展规划和重要工作部署，明确本地区密码工作发展的目标任务，落实相关保障措施，作为维护国家安全、促进地区经济社会发展和科技进步的一项重要工作。

2016年，国务院印发的《"十三五"国家信息化规划》（国发〔2016〕73号）已经明确将密码工作纳入规划。

县级以上人民政府应当将密码工作所需经费列入本级财政预算，保障密码工作顺利开展，充分发挥密码在网络与信息安全中的基础支撑作用。

第十一条 县级以上人民政府应当将密码工作纳入本级国民经济和社会发展规划，所需经费列入本级财政预算。（密码工作规划和经费预算）

（十一）禁止网络犯罪

第十二条 任何组织或者个人不得窃取他人加密保护的信息或者非法侵入他人的密码保障系统。

任何组织或者个人不得利用密码从事危害国家安全、社会公共利益、他人合法权益等违法犯罪活动。（禁止网络犯罪）

二、核心密码、普通密码（13~20条）

（一）管理原则

第十三条 国家加强核心密码、普通密码的科学规划、管理和使用，加强制度建设，完善管理措施，增强密码安全保障能力。

（二）使用制度

第十四条 在有线、无线通信中传递的国家秘密信息，以及存储、处理国家秘密信息的信息系统，应当依照法律、行政法规和国家有关规定使用核心密码、普通密码进行加密保护、安全认证。

（三）安全管理制度

第十五条 从事核心密码、普通密码科研、生产、服务、检测、装备、使用和销毁等工作的机构（以下统称密码工作机构）应当按照法律、行政法规、国家有关规定以及核心密码、普通密码标准的要求，建立健全安全管理制度，采取严格的保密措施和保密责任制，确保核心密码、普通密码的安全。

第十七条 密码管理部门根据工作需要会同有关部门建立核心密码、普通密码的安全监测预警、安全风险评估、信息通报、重大事项会商和应急处置等协作机制，确保核心密码、普通密码安全管理的协同联动和有序高效。

（四）监督检查制度

第十六条 密码管理部门依法对密码工作机构的核心密码、普通密码工作进行指导、监督和检查，密码工作机构应当配合。

密码工作机构发现核心密码、普通密码泄密或者影响核心密码、普通密码安全的重大问题、风险隐患的，应当立即采取应对措施，并及时向保密行政管理部门、密码管理部门报告，由保密行政管理部门、密码管理部门会同有关部门组织开展调查、处置，并指导有关密码工作机构及时消除安全隐患。

第二十条　密码管理部门和密码工作机构应当建立健全严格的监督和安全审查制度，对其工作人员遵守法律和纪律等情况进行监督，并依法采取必要措施，定期或者不定期组织开展安全审查。

（五）工作保证制度

第十八条　国家加强密码工作机构建设，保障其履行工作职责。

国家建立适应核心密码、普通密码工作需要的人员录用、选调、保密、考核、培训、待遇、奖惩、交流、退出等管理制度。

第十九条　密码管理部门因工作需要，按照国家有关规定，可以提请公安、交通运输、海关等部门对核心密码、普通密码有关物品和人员提供免检等便利，有关部门应当予以协助。

三、商用密码

（一）商用密码管理原则

第二十一条　国家鼓励商用密码技术的研究开发、学术交流、成果转化和推广应用，健全统一、开放、竞争、有序的商用密码市场体系，鼓励和促进商用密码产业发展。

各级人民政府及其有关部门应当遵循非歧视原则，依法平等对待包括外商投资企业在内的商用密码科研、生产、销售、服务、进出口等单位（以下统称商用密码从业单位）。国家鼓励在外商投资过程中基于自愿原则和商业规则开展商用密码技术合作。行政机关及其工作人员不得利用行政手段强制转让商用密码技术。

商用密码的科研、生产、销售、服务和进出口，不得损害国家安全、社会公共利益或者他人合法权益。

（二）商用密码标准体系

商用密码标准化是实现商用密码技术自主创新、促进用密码产业发展、构建商用密码应用体系的重要支撑。商用密码国家标准、行业标准属于政府主导制定的标准，商用密码团体标准、企业标准属于市场主体自主制定的标准。

商用密码国家标准由国家标准化管理委员会组织制定，代号为 GB。

商用密码行业标准由国家密码管理局组织制定，代号为 GM。

商用密码团体标准由商用密码领域的学会、协会等社会团体制定。

商用密码企业标准由商用密码企业制定或者企业联合制定。

第二十二条 国家建立和完善商用密码标准体系。

国务院标准化行政主管部门和国家密码管理部门依据各自职责，组织制定商用密码国家标准、行业标准。

国家支持社会团体、企业利用自主创新技术制定高于国家标准、行业标准相关技术要求的商用密码团体标准、企业标准。

（三）商用密码国际标准化

我国高度重视商用密码国际标准化工作，大力推进以我国自主设计研制的 SM 系列密码算法为代表的中国商用密码标准纳入国际标准，积极参与国际标准化活动，加强国际交流合作。

2011 年 9 月，我国设计的祖冲之（ZUC）算法纳入国际第三代合作伙伴计划组织（3GPP）的 4G 移动通信标准，用于移动通信系统空中传输信道的信息加密和完整性保护，这是我国密码算法首次成为国际标准。

2017年，SM2和SM9算法正式成为ISO/IEC国际标准。

2018年，SM3算法正式成为ISO/IEC国际标准。

第二十三条 国家推动参与商用密码国际标准化活动，参与制定商用密码国际标准，推进商用密码中国标准与国外标准之间的转化运用。

国家鼓励企业、社会团体和教育、科研机构等参与商用密码国际标准化活动。

（四）商用密码标准法律效力

商用密码从业单位开展商用密码活动应当依照有关法律、行政法规的规定行使权利和履行义务，是遵守法律的必然要求。

商用密码从业单位开展商用密码活动，除了遵守法律、行政法规，还应当符合商用密码强制性国家标准以及该从业单位公开标准的技术要求。

国家鼓励商用密码从业单位采用商用密码推荐性国家标准、行业标准。

我国标准按照实施效力分为强制性标准和推荐性标准。

强制性标准仅有国家标准一级。推荐性标准包括推荐性国家标准和行业标准。

第二十四条 商用密码从业单位开展商用密码活动，应当符合有关法律、行政法规、商用密码强制性国家标准以及该从业单位公开标准的技术要求。

国家鼓励商用密码从业单位采用商用密码推荐性国家标准、行业标准，提升商用密码的防护能力，维护用户的合法权益。

（五）商用密码检测认证体系

商用密码检测认证是商用密码治理体系的重要基础，在商用密码市场准入、事中事后监管、应用推进等方面发挥着关键支撑作用：面向商用密码从业单位能够引导提质升级，增加市场有效供给；面向管理部门能够支持行政监管，提高市场监管效能；面向社会各方能够推动诚信建设，营造良好市场环境；面向国际市场能够促进规则对接，提升市场开放程度。

第二十五条 国家推进商用密码检测认证体系建设，制定商用密码检测认证技术规范、规则，鼓励商用密码从业单位自愿接受商用密码检测认证，提升市场竞争力。

商用密码检测、认证机构应当依法取得相关资质，并依照法律、行政法规的规定和商用密码检测认证技术规范、规则开展商用密码检测认证。

商用密码检测、认证机构应当对其在商用密码检测认证中所知悉的国家秘密和商业秘密承担保密义务。

（六）商用密码市场准入管理

对涉及国家安全、国计民生、社会公共利益的商用密码产品与使用网络关键设备和网络安全专用产品的商用密码服务实行强制性检测认证制度，对于规范商用密码产品和服务市场准入，确保商用密码产品和服务的质量与安全，保障国家网络与信息安全，维护国家安全和社会公共利益，保护公民、法人和其他组织的合法权益，具有重要作用。

商用密码产品是指采用商用密码技术进行加密保护、安全认证的产品。商用密码产品可分为软件、芯片、模块、板卡、整机、系统六类。典型的商用密码产品包括：密码机，如链路密码机、网络密码机、服务器密码机、传真密码机、电话密码机等；密码芯片和模块，如第二代居民身份证、智能电卡、社会保障卡、金融芯片卡中使用的密码芯片、可信计算密码模块等。

商用密码服务是指基于商用密码专业技术、技能和设施，为他人提供集成、运营、监理等商用密码支持和保障的活动。典型的商用密码服务包括：密码保障系统集成（如数字证书认证系统集成），是指为他人集成建设实现密码功能的系统，保护他人网络与信息系统的安全；密码保障系统运营（如增值税发票防伪税控系统运营），是指为保证他人实现密码功能的系统的正常运行提供安全管理和维护。

商用密码产品市场准入管理制度：《密码法》按照"放管服"改革要求，取消了"商用密码产品品种和型号审批"，改为对商用密码产品实行检测认证制度，并且以自愿检测认证为主，对特定商用密码产品实行强制性检测认证为辅。

商用密码服务市场准入管理制度：随着商用密码技术的发展和应用的普及，密码保障系统集成、运营、监理等商用密码服务已经出现并快速发展，其应用直接关系到国家安全和社会公共利益。

目前，从事数字证书认证系统等重要密码保障系统建设、维护的商用密码服务机构应当具有商用密码产品生产和密码服务能力，从事重要密码保障系统工程监理的商用密码服务机构应当具有相应的技术能力，其提供的服务应当通过技术审查。《密码法》将这一要求上升为法律制度，通过认证的方式对使用网络关键设备和网络安全专用产品的商用密码服务进行技术把关。

一是该制度是维护国家安全和社会公共利益的需要。由于密码功能实现的特殊性，网络关键设备和网络安全专用产品本身合格，并不意味着使用这些产品的商用密码服务就一定是安全的，需要通过认证的方式对其质量与安全性进行技术把关，规范商用密码服务市场准入。

二是强制性认证实施范围有限，不会对市场和产业构成不必要的限制。

第二十六条 涉及国家安全、国计民生、社会公共利益的商用密码产品，应当依法列入网络关键设备和网络安全专用产品目录，由具备资格的机构检测认证合格后，方可销售或者提供。商用密码产品检测认证适用《中华人民共和国网络安全法》的有关规定，避免重复检测认证。

商用密码服务使用网络关键设备和网络安全专用产品的，应当经商用密码认证机构对该商用密码服务认证合格。

（七）关键信息基础设施商用密码使用要求

为了保障关键信息基础设施安全稳定运行，维护国家安全和社会公共利益，《密码法》要求关键信息基础设施应当依法使用商用密码进行保护并开展商用密码应用安全性评估，要求关键信息基础设施的运营者采购涉及商用密码的网络产品和服务，可能影响国家安全的，应当依法通过国家安全审查。

第二十七条 法律、行政法规和国家有关规定要求使用商用密码进行保护的关键信息基础设施，其运营者应当使用商用密码进行保护，自行或者委托商用密码检测机构开展商用密码应用安全性评估。商用密码应用安全性评估应当与关键信息基础设施安全检测评估、网络安全等级测评制度相衔接，避免重复评估、测评。

关键信息基础设施的运营者采购涉及商用密码的网络产品和服务，可能影响国家安全的，应当按照《中华人民共和国网络安全法》的规定，通过国家网信部门会同国家密码管理部门等有关部门组织的国家安全审查。

（八）商用密码进出口管理

《密码法》按照"放管服"改革要求，将商用密码进口许可和出口管制纳入《中华人民共和国对外贸易法》（简称《对外贸易法》）规定的两用物项和进出口许可管制制度体系中，由商务部会同国家密码管理局进行审批。

第二十八条 国务院商务主管部门、国家密码管理部门依法对涉及国家安全、社会公共利益且具有加密保护功能的商用密码实施进口许可，对涉及国家安全、社会公共利益或者中国承担国际义务的商用密码实施出口管制。商用密码进口许可清单和出口管制清单由国务院商务主管部门会同国家密码管理部门和海关总署制定并公布。

大众消费类产品所采用的商用密码不实行进口许可和出口管制制度。

（九）政务活动管理

第二十九条 国家密码管理部门对采用商用密码技术从事电子政务电子认证服务的机构进行认定，会同有关部门负责政务活动中使用电子签名、数据电文的管理。

（十）商用密码行业协会

行业协会等组织作为介于密码管理部门和商用密码从业单位之间的社会组织，既是沟通管理部门和从业单位的桥梁与纽带，又是社会多元利益的协调机构，也是实现行业自律、规范行业行为、开展行业服务、保障公平竞争的社会组织，在社会管理、行业治理、行业自律中发挥了重要作用，既大大减少了政府的管理成本，又促进了行业自身的发展，显示了巨大的社会效益。

第三十条 商用密码领域的行业协会等组织依照法律、行政法规及其章程的规定，为商用密码从业单位提供信息、技术、培训等服务，引导和督促商用密码从业单位依法开展商用密码活动，加强行业自律，推动行业诚信建设，促进行业健康发展。

（十一）商用密码事中事后监管

《密码法》在商用密码领域深化"放管服"改革，坚持放管结合，在取消一批商用密码行政许可事项的基础上，把更多行政资源从事前审批转到事中事后监管上来，着力构建权责明确、公平公正、公开透明、简约高效的商用密码事中事后监管体系，确保监管"不缺位、不错位、不越位"。

商用密码事中事后监管的实施主体，是密码管理部门其他涉及商用密码监督管理的有关部门，主要包括市场监管网信、商务、海关等部门。密码管理部门和有关部门要厘清《密码法》赋予的监管职责，依法开展商用密码事中事后监管。对涉及多个部门的商用密码监管事项，主责部门要发挥牵头作用，相关部门要协同配合，建立健全工作协调机制。

商用密码事中事后监管以日常检查为主、专项整治为辅，日常监管又以随机抽查为主。商用密码日常监管全面实行随机抽取检查对象、随机选派执法检查人员、抽查情况及查处结果及时向社会公开，原则上所有日常行政检查都通过"双随机、一公开"的方式进行。

商用密码事中事后监管的重要手段是深入推进"互联网＋监管"。依托国家"互联网＋监管"系统，建设统一的商用密码监督管理信息平台。加强商用密码监管信息归集共享类商用密码相关的行政检查、行政处罚、行政强制等信息以及司法判决、违法失信、抽查抽检等信息进行关联整合，并集中到相关商用密码市场主体名下。充分运用大数据等技术，加强对风险的跟踪预警。提升商用密码事中事后监管的精准化、智能化水平。

推进商用密码事中事后监管与社会信用体系相衔接，提升商用密码信用监管效能。以国家统一社会信用代码为标识，依法依规建立权威、统一、可查询的商用密码市场主体信用记录。大力推行商用密码从业单位及有关市场主体信用承诺制度，将信用承诺履行情况纳入信用记录。推进信用分级分类监管，依据商用密码从业单位信用情况，在监管方式、抽查比例和频次等方面采取差异化措施。规范认定并设立商用密码市场主体信用"黑名单"，强化失信联合惩戒，对失信主体在行业准入、获得信贷、出口退税、高消费等方面依法予以限制。建立健全信用修复、异议申诉等机制。在保护涉及国家秘密、商业秘密和个人隐私等信息的前提下，依法做好商用密码有关信用信息的公开工作。

强化商用密码从业单位自律和社会监督。就是要充分调动社会各方力量参与商用密码监督管理，统筹社会各种资源支持商用密码社会治理，形成市场自律、社会监督和政府监管互为支撑的商用密码协同监管格局，切实管出公平、管出效率、管出活力，提高商用密码市场主体竞争力和市场效率，推动商用密码产业持续健康发展。

第三十一条 密码管理部门和有关部门建立日常监管和随机抽查相结合的商用密码事中事后监管制度，建立统一的商用密码监督管理信息平台，推进事中事后监管与社会信用体系相衔接，强化商用密码从业单位自律和社会监督。

密码管理部门和有关部门及其工作人员不得要求商用密码从业单位和商用密码检测、认证机构向其披露源代码等密码相关专有信息，并对其在履行职责中知悉的商业秘密和个人隐私严格保密，不得泄露或者非法向他人提供。

四、法律责任

（一）从事密码违法活动的法律责任

第三十二条 违反本法第十二条规定，窃取他人加密保护的信息，非法侵入他人的密码保障系统，或者利用密码从事危害国家安全、社会公共利益、他人合法权益等违法活动的，由有关部门依照《中华人民共和国网络安全法》和其他有关法律、行政法规的规定追究法律责任。

本条是关于从事密码违法活动的法律责任的规定。

一是窃取他人加密保护的信息。

二是非法侵入他人的密码保障系统。

三是利用密码从事危害国家安全、社会公共利益、他人合法权益。

本条规定的执法部门是有关部门，具体依照《网络安全法》和其他法律、行政法规规定确定处罚部门。

援引的主要法律：

《网络安全法》第六十三条规定，违反该法第二十七条规定，从事危害网络安全的活动，或者提供专门用于从事危害网络安全活动的程序、工具，或者为他人从事危害网络安全的活动提供技术支持、广告推广、支付结算等帮助，尚不构成犯罪的，由公安机关没收违法所得，处五日以下拘留，可以并处五万元以上五十万元以下罚款；情节较重的，处五日以上十五日以下拘留，可以并处十万元以上一百万元以下罚款。单位有前款行为的，由公安机关没收违法所得，处十万元以上一百万元以下罚款，并对直接负责的主管人员和其他直接责任人员依照前款规定处罚。违反该法第二十七条规定，受到治安管理处罚的人员，五年内不得从事网络安全管理和网络运营关键岗位的工作；受到刑事处罚的人员，终身不得从事网络安全管理和网络运营关键岗位的工作。第七十五条规定，境外的机构、组织、个人从事攻击、侵入、干扰、破坏等危害中华人民共和国的关键信息基础设施的活动，造成严重果的，依法追究法律责任；国务院公安部门和有关部门并可以决定对该机构、组织、个人采取冻结财产或者其他必要的制裁措施。

《治安管理处罚法》第二十九条规定，有下列行为之一的，处五日以下拘留；情节较重的，处五日以上十日以下拘留：①违反国家规定，侵入计算机信息系统，造成危害的；②违反国家规定，对计算机信息系统功能进行删除、修改、增加、干扰，造成计算机信息系统不能正常运行的；③违反国家规定，对计算机信息系中存储、处理、传输的数据和应用程序进行删除、修改增的；④故意制作、传播计算机病毒等破坏性程序，影响计算机信息系统正常运行的。

《保守国家秘密法》第四十八条规定，违反该法规定，有下列行为之一的，依法给予处分；构成犯罪的，依法追究刑事责任：擅自卸载、修改涉密信息系统的安全技术程序、管理程序的；有前款行为尚不构成犯罪，且不适用处分的人员，由保密行政管理部门督促其所在机关、单位予以处理。

（二）核心密码、普通密码使用违法

第三十三条 违反本法第十四条规定，未按照要求使用核心密码、普通密码的，由密码管理部门责令改正或者停止违法行为，给予警告；情节严重的，由密码管理部门建议有关国家机关、单位对直接负责的主管人员和其他直接责任人员依法给予处分或者处理。

对应本法第十四条，具体的法律责任为：

①责令改正。是指有关主管部门依法要求违法行为人将其违法行为恢复到合法状态。

②责令停止违法行为。是指有关主管部门依法要求违法行为人停止其实施的违法行为。

③警告。是指有关主管部门对违法行为人进行训诫，使其认识到其行为的违法性。

④处分。处分分为行政处分和党纪处分两种。行政处分具体包括：警告、记过、记大过、降级、撤职、开除六种方式。党纪处分具体包括：警告、严重警告、撤销党内职务、留党察看、开除党籍五种方式。

⑤处理。是指对实施了相关违法行为但不适用处分的人员，由有关主管部门依照有关法律、法规的规定做出的惩戒，具体包括警告、罚款、降职、辞退等方式。

（三）核心密码、普通密码泄密等安全问题的法律责任

第三十四条 违反本法规定，发生核心密码、普通密码泄密案件的，由保密行政管理部门、密码管理部门建议有关国家机关、单位对直接负责的主管人员和其他直接责任人员依法给予处分或者处理。

违反本法第十七条第二款规定，发现核心密码、普通密码泄密或者影响核心密码、普通密码安全的重大问题、风险隐患，未立即采取应对措施，

或者未及时报告的,由保密行政管理部门、密码管理部门建议有关国家机关、单位对直接负责的主管人员和其他直接责任人员依法给予处分或者处理。

对应本法第十七条第二款。违法情形及具体的法律责任:

1. 违法情形

①发生核心密码、普通密码泄密案件。

②发现核心密码、普通密码泄密或者影响核心密码、普通密码安全的重大问题、风险隐患,未立即采取应对措施。

③发现核心密码、普通密码泄密或者影响核心密码、普通密码安全的重大问题、风险隐患,未及时向保密行政管理部门、密码管理部门报告。

2. 法律责任

①处分。

②处理。

(四)商用密码检测、认证违法的法律责任

第三十五条 商用密码检测、认证机构违反本法第二十五条第二款、第三款规定开展商用密码检测认证的,由市场监督管理部门会同密码管理部门责令改正或者停止违法行为,给予警告,没收违法所得;违法所得三十万元以上的,可以并处违法所得一倍以上三倍以下罚款;没有违法所得或者违法所得不足三十万元的,可以并处十万元以上三十万元以下罚款;情节严重的,依法吊销相关资质。

对应本法第十七条第二款。违法情形:

①商用密码检测、认证机构违反法律、行政法规的规定和商用密码检测认证技术规范、规则开展商用密码检测认证。

②商用密码检测、认证机构泄露其在商用密码检测认证中所知悉的国

家秘密和商业秘密。

本条规定的执法部门是市场监督管理部门会同密码管理部门。

法律责任：

①责令改正。是指有关主管部门依法要求违法行为人将其违法行为恢复到合法状态。

②责令停止违法行为。是指有关主管部门依法要求违法行为人停止其实施的违法行为。

③警告。是指有关主管部门对违法行为人进行训诫，使其认识到其行为的违法性。

④没收违法所得。是指有关主管部门依法将违法行为人从事非法经营等获得的利益收归国有。

⑤罚款。是指有关主管部门依法强制违法行为人在一定期限内向国家缴纳一定数额的金钱。对于违法所得三十万元以上的，可以并处违法所得一倍以上三倍以下罚款；没有违法所得或者违法所得不足三十万元的，可以并处十万元以上三十万以下罚款。

⑥吊销相关资质。是指有关主管部门依法收回违法行为人已经获得的从事某种活动的资格和权利。这里的相关资质，是指商用密码检测、认证机构资质。

（五）商用密码产品、服务市场准入违法的法律责任

第三十六条 违反本法第二十六条规定，销售或者提供未经检测认证或者检测认证不合格的商用密码产品，或者提供未经认证或者认证不合格的商用密码服务的，由市场监督管理部门会同密码管理部门责令改正或者停止违法行为，给予警告，没收违法产品和违法所得；违法所得十万元以上的，可以并处违法所得一倍以上三倍以下罚款；没有违法所得或者违法所得不足十万元的，可以并处三万元以上十万元以下罚款。

对应本法第二十六条。违法情形：

①销售或者提供列入网络关键设备和网络安全专用产品目录的商用密码产品，未经具备资格的机构检测认证或者检测认证不合格。

②提供使用网络关键设备和网络安全专用产品的商用密码服务，未经商用密码认证机构认证或者认证不合格。

本条规定的执法部门是市场监督管理部门会同密码管理部门。

法律责任：

①责令改正。是指有关主管部门依法要求违法行为人将其违法行为恢复到合法状态。

②责令停止违法行为。是指有关主管部门依法要求违法行为人停止其实施的违法行为。

③警告。是指有关主管部门对违法行为人进行训诫，使其认识到其行为的违法性。

④没收违法产品和违法所得。所谓没收违法产品，是指没收违法销售、提供的产品以及违法提供的服务中使用的产品。包括尚未销售、提供和尚未使用的产品，以防止这些产品销售、提供或使用后，给使用者造成财产损失，危害国家安全和社会公共利益。所谓没收违法所得，是指有关主管部门依法将违法行为人从事非法经营等获得的利益收归国有。

⑤罚款。是指有关主管部门依法强制违法行为人在一定期限内向国家缴纳一定数额的金钱。对于违法所得十万元以上的，可以并处违法所得一倍以上三倍以下罚款；没有违法所得或者违法所得不足十万元的，可以并处三万元以上十万以下罚款。

（六）关键信息基础设施的运营者违反本法第二十七条第一款规定法律责任

第三十七条　关键信息基础设施的运营者违反本法第二十七条第一款

规定，未按照要求使用商用密码，或者未按照要求开展商用密码应用安全性评估的，由密码管理部门责令改正，给予警告；拒不改正或者导致危害网络安全等后果的，处十万元以上一百万元以下罚款，对直接负责的主管人员处一万元以上十万元以下罚款。

关键信息基础设施的运营者违反本法第二十七条第二款规定，使用未经安全审查或者安全审查未通过的产品或者服务的，由有关主管部门责令停止使用，处采购金额一倍以上十倍以下罚款；对直接负责的主管人员和其他直接责任人员处一万元以上十万元以下罚款。

（七）违反本法第二十八条规定法律责任

第三十八条　违反本法第二十八条实施进口许可、出口管制的规定，进出口商用密码的，由国务院商务主管部门或者海关依法予以处罚。

（八）违反本法第二十九条规定法律责任

第三十九条　违反本法第二十九条规定，未经认定从事电子政务电子认证服务的，由密码管理部门责令改正或者停止违法行为，给予警告，没收违法产品和违法所得；违法所得三十万元以上的，可以并处违法所得一倍以上三倍以下罚款；没有违法所得或者违法所得不足三十万元的，可以并处十万元以上三十万元以下罚款。

（九）工作人员法律责任

第四十条　密码管理部门和有关部门、单位的工作人员在密码工作中滥用职权、玩忽职守、徇私舞弊，或者泄露、非法向他人提供在履行职责中知悉的商业秘密和个人隐私的，依法给予处分。

（十）刑事民事责任

第四十一条 违反本法规定，构成犯罪的，依法追究刑事责任；给他人造成损害的，依法承担民事责任。

五、附则

第四十二条 国家密码管理部门依照法律、行政法规的规定，制定密码管理规章。

第四十三条 中国人民解放军和中国人民武装警察部队的密码工作管理办法，由中央军事委员会根据本法制定。

第四十四条 本法自 2020 年 1 月 1 日起施行。

习 题

1.《密码法》制定的目的是什么？

2.《密码法》对密码是怎么定义的？

3.《密码法》明确密码工作坚持总体国家安全观需遵循什么原则？

4. 可以依法使用商用密码保护的网络和信息安全有哪些？

第五章
中华人民共和国数据安全法

　　《中华人民共和国数据安全法》由中华人民共和国第十三届全国人民代表大会常务委员会第二十九次会议于 2021 年 6 月 10 日通过，由中华人民共和国第八十四号主席令颁布，自 2021 年 9 月 1 日起施行，共七章五十五条。

第一节　立法定位

　　《中华人民共和国数据安全法》是为了规范数据处理活动，保障数据安全，促进数据开发利用，保护个人、组织的合法权益，维护国家主权、安全和发展利益，制定的法律。本法将数据安全工作建立在国家整体安全层面，《网络安全法》作为我国网络安全工作的基本法，《数据安全法》作为数据领域的基本法，两个法律都是基本法，不存在谁大谁小，《数据安全法》与《网络安全法》相辅相成，实现最终数据安全保障能力。在整个法律体系内，《数据安全法》是以宪法为上位法的全国人大制定的"基本法律"之外的一般法律；在安全法体系内，《数据安全法》与《国家安全法》《网络安全法》属于同一层级并行的法律，分别规范数据安全、主权安全、网络安全。《数据安全法》是数据安全领域的最高法，并不依附于或从属于《国家安全法》或《网络安全法》；在《数据安全法》与规范数据或信息的其他法律的关系上，特别是与《个人信息保护法》的关系上，鉴于《数据安全法》是规范数据安全的专门法律，因此凡是与数据或信息安全有关的规范，均应纳入《数据安全法》中。

第二节　立法目的

第一，该法是安全保障法。该法以公权介入数据安全保护，提供认识数据安全问题、处理数据安全威胁和风险的法律路线。具体来说，以其对数据、数据活动、数据安全的界定为出发点，厘清不同面向的数据安全风险，构建数据安全保护管理全面、系统的制度框架，以战略、制度、措施等来构建国家预防、控制和消除数据安全威胁和风险的能力，确立国家行为的正当性，提升国家整体数据安全保障能力。

第二，该法是基础性法律。基础性立法的功能更多注重的不是解决问题，而是为问题的解决提供具体指导思路，问题的解决要依靠相配套的法律法规。这也决定了其法律表述上的原则性和大量宣示性条款。但与此同时，预设好相关接口、整体立法语言的表述粒度均衡等也应特别注意。

第三，该法是数据安全管理的法律。数据安全作为网络安全的重要组成部分，诸多安全制度可被网络安全制度所涵盖。在数据安全管理上，与《网络安全法》充分协调，避免制度设计交叉与重复带来的立法资源浪费、监管重复与真空、产业负担是《数据安全法》制定过程中需重点关注的问题。

第三节　总体框架

本法总体框架共七章五十五条，网上有全文，简短但内容很丰富。

总则部分：明确了保护目标、适用范围、数据和数据安全的定义、立法定位、国家层面上数据安全的责任人、各个层面数据安全的监管职责、个人及组织如何合理使用数据、开展数据处理活动的前提、数据安全全面参与、行业应该积极参与数据安全的保护工作、国家应该积极参与国际数据安全的交流与合作以及投诉的渠道和相关处理等。

数据安全与发展：明确了数据安全与产业发展的关系、大数据战略的应用、数据在公共服务中的应用、指引数据安全生态的发展、促进数据安全的标准建立、指导数据安全的评估和认证、指导征信市场的规范性、指导数据安全人才的培养等。

数据安全制度：明确了指导数据的分级分类保护、指导数据的国家层面的风险管理工作、指导数据安全事件的应急处置工作、指导数据安全事件的国家级别的安全审查工作、说明国际合作的数据方面的出口要求、说明国际合作的数据方面的贸易摩擦的处理方式。

数据安全保护义务：明确了数据处理活动首先要通过管理制度进行安全保障，说明数据处理活动和新技术的前提是为人民造福，所有的数据处理活动都需要加强风险管理，重要数据应该有加强的风险评估活动、数据出境的安全管理，数据收集不允许用非法方式进行收集和使用，征信行业数据必须可溯源、可审计，数据处理服务必须有相关牌照，国家暴力机关可以授权获取各类数据，国内数据不允许在国家未授权的情况下提供给外国暴力机关。

政务数据安全与开放：明确了未来将大力推行智慧电子政务服务以更好地为民众造福、国家机关会对数据进行合理使用并进行保密、保障政务数据安全、电子政务数据的保存方责任、电子政务数据的公示原则、电子政务开放的前提、电子政务其他使用单位一样受本章约束。

法律责任部分：明确了数据处理风险的整改责任、未履行数据保护的追责、对境外提供重要数据的后果、数据征信行业机构未合法获取数据的后果、配合国家暴力机关调取数据的后果、未对数据安全进行保护的国家机关责任人的后果、未对数据安全进行有效监管的后果、扰乱正当数据处理的后果、给他人造成损害的后果。

附则部分：明确国家秘密数据的执行守则以及军事数据安全不属于本法管辖。

第四节　主要内容

一、总则

（一）保护目标

规范数据处理活动：不同的行业对于数据的生命周期有不同的定义，在金融行业，金融数据生命周期分为采集、传输、存储、使用、删除、销毁六个阶段。

数据开发利用活动：应建立在遵循国家相关立法基础之上开展相关工

作，从而保护个人、组织、国家利益和权益。

第一条 为了规范数据处理活动，保障数据安全，促进数据开发利用，保护个人、组织的合法权益，维护国家主权、安全和发展利益，制定本法。

（二）适用范围

第二条 在中华人民共和国境内开展数据处理活动及其安全监管，适用本法。

在中华人民共和国境外开展数据处理活动，损害中华人民共和国国家安全、公共利益或者公民、组织合法权益的，依法追究法律责任。

（三）数据和数据安全的定义

数据的表现形式分为电子（通过电子设备表达的文字、符号、数值、图像）、非电子（如记录在纸、触觉、嗅觉、听觉、视觉所识别到能够表示事物形态的内容）。

数据处理活动中缺少了对数据删除和销毁阶段的控制活动。

数据安全的目的是数据处于有效保护和合法利用的状态（确保数据的保密性、可靠性）、数据具备保障持续安全状态的能力（可用性和连续性）。数据和安全是两块不同的内容，数据安全主要指的还是对业务有影响的数据和个人隐私数据的相关保护。

第三条 本法所称数据，是指任何以电子或者其他方式对信息的记录。

数据处理，包括数据的收集、存储、使用、加工、传输、提供、公开等。

数据安全，是指通过采取必要措施，确保数据处于有效保护和合法利用的状态，以及具备保障持续安全状态的能力。

（四）立法定位

第四条 维护数据安全，应当坚持总体国家安全观，建立健全数据安全治理体系，提高数据安全保障能力。

（五）国家层面上数据安全的责任人

中央国家安全领导机构指的是中央国家安全委员会，全称为"中国共产党中央国家安全委员会"，是中国共产党中央委员会下属机构。经由中国共产党第十八届中央委员会第三次全体会议后，于 2013 年 11 月 12 日成立。

中央国家安全委员会由中共中央总书记习近平任主席，中央国家安全委员会作为中共中央关于国家安全工作的决策和议事协调机构，向中央政治局、中央政治局常务委员会负责，统筹协调涉及国家安全的重大事项和重要工作。依据《中华人民共和国国家安全法》第二十条规定，中央国家安全委员会是数据安全最终的责任机构。该机构在国家层面建立协调机制，统筹有关国家数据安全的指导工作以及战略制定和政策研究。

第五条 中央国家安全领导机构负责国家数据安全工作的决策和议事协调，研究制定、指导实施国家数据安全战略和有关重大方针政策，统筹协调国家数据安全的重大事项和重要工作，建立国家数据安全工作协调机制。

（六）各个层面数据安全的监管职责

谁生产，谁负责；谁收集，谁负责；谁主管、谁负责。

公安和国家机关是特殊部门，自行管理相关数据。

网信部门是数据的统筹协调接口和监管人，负责对数据进行统一管理，对数据使用情况进行监管，定义相关数据安全事件的责任人、责任大小。

各地区、各部门对本地区、本部门工作中收集和产生的数据及数据安全负责。

第六条 各地区、各部门对本地区、本部门工作中收集和产生的数据及数据安全负责。

工业、电信、交通、金融、自然资源、卫生健康、教育、科技等主管部门承担本行业、本领域数据安全监管职责。

公安机关、国家安全机关等依照本法和有关法律、行政法规的规定，在各自职责范围内承担数据安全监管职责。

国家网信部门依照本法和有关法律、行政法规的规定，负责统筹协调网络数据安全和相关监管工作。

（七）个人、组织如何合理使用数据

本条对公民、法人和其他组织对数据的所有权关系及相关权益使用数据进行说明。结合《网络安全法》第四章相关规定，明确数据所有权、使用权、托管权及使用数据的相关规定，在合法合规的前提下促进数据的合理有效利用，提升基于数据化的服务水平和能力，保障数据使用的相关活动能够依法有序地自由流动。

如果数据是合法买来的，合法收集的，有凭据的，能够帮助数字经济发展的，可以用。如果数据来源不合法，和个人、组织无关，则不可用。

第七条 国家保护个人、组织与数据有关的权益，鼓励数据依法合理有效利用，保障数据依法有序自由流动，促进以数据为关键要素的数字经济发展。

（八）开展数据处理活动的前提

不犯法，不触犯公众良俗，不违背公众道德，仅仅为了提升自身的数字化业务的情况下可以进行数据处理活动。如果数据被用于国家安全和公众利益相关，例如报纸上的军事调动信息、公众的资产及商业行为信息、大数据杀熟，收集某人隐私打击报复的信息是不被允许的。如果数据保护没有起到作用，导致数据泄露，引起国家安全和公众利益被损害是不允许的。

第八条　开展数据处理活动，应当遵守法律、法规，尊重社会公德和伦理，遵守商业道德和职业道德，诚实守信，履行数据安全保护义务，承担社会责任，不得危害国家安全、公共利益，不得损害个人、组织的合法权益。

（九）数据安全应该全民参与

维护数据安全是全社会共同责任，国家支持推动常态化的数据安全相关知识的宣传普及工作，政府有关部门督促管辖范围履行宣传教育职责，科研机构、专业培训教育机构、个人开发、设计、制作宣贯教育内容，各行业组织积极参加培训与教育。从整体提高我国数据安全水平与能力。

第九条　国家支持开展数据安全知识宣传普及，提高全社会的数据安全保护意识和水平，推动有关部门、行业组织、科研机构、企业、个人等共同参与数据安全保护工作，形成全社会共同维护数据安全和促进发展的良好环境。

（十）行业应该积极参与数据安全的保护工作

每个行业都要制定自己的数据安全标准和规范，形成生态。

如果可以的话，行业成员也能够积极参与构建行业规范和标准，可以在行业标准的基础上加强数据安全的行为约束。

行业建立起分享数据安全保护措施的文化。

第十条　相关行业组织按照章程，依法制定数据安全行为规范和团体标准，加强行业自律，指导会员加强数据安全保护，提高数据安全保护水平，促进行业健康发展。

（十一）国家应该积极参与国际数据安全的交流与合作

中国要在数据安全治理领域发声，参与编写更多国际标准。

数据跨境活动应遵循国家互联网办公室颁布的《个人信息和重要数据出境安全评估办法》具体开展相关工作。

国家也在积极制定相关标准规范，如《信息安全技术数据出境安全评估指南》。

第十一条　国家积极开展数据安全治理、数据开发利用等领域的国际交流与合作,参与数据安全相关国际规则和标准的制定,促进数据跨境安全、自由流动。

（十二）说明投诉的渠道和相关处理

举报危害数据安全行为是个人与组织的权力和义务，接受举报的主要部门为主管数据安全的有关部门。

接受举报的相关部门应当受理举报并根据举报内容、性质等依法、及时处理。根据《中华人民共和国行政许可法》（简称《行政许可法》）有关对举报的处理有明确时限要求的，应当在规定时限内做出处理并按要求给予回复。

受理举报的有关部门应对举报人及举报内容严格保密，不得泄露。

第十二条　任何个人、组织都有权对违反本法规定的行为向有关主管部门投诉、举报。收到投诉、举报的部门应当及时依法处理。

有关主管部门应当对投诉、举报人的相关信息予以保密，保护投诉、举报人的合法权益。

二、数据安全与发展

（一）数据安全和产业发展的关系

数据安全产生的隐私保护及更广义的业务安全的问题迫使我们必须开

始关注和重视数据在开发利用和产业发展过程中的数据安全问题。

随着数据开发和利用的扩展，数据安全也要进行发展，数据开发和数据安全为两翼之双轮。

第十三条　国家统筹发展和安全，坚持以数据开发利用和产业发展促进数据安全，以数据安全保障数据开发利用和产业发展。

（二）大数据战略的应用

未来必然有很多数据的创新应用，这些应用都需要有相关的保护措施。对数据利用强调大数据战略，鼓励各行业开展大数据相关产业，合理、安全利用大数据。

省级以上的战略规划，例如"十四五"规划、社会发展规划都必须考虑数字经济的发展和相关的数据安全。

第十四条　国家实施大数据战略，推进数据基础设施建设，鼓励和支持数据在各行业、各领域的创新应用。

省级以上人民政府应当将数字经济发展纳入本级国民经济和社会发展规划，并根据需要制定数字经济发展规划。

（三）数据在公共服务的应用

智慧城市的兴起，离不开大数据的公共服务应用。基于利用大数据建立的智能养老、残疾人服务等医疗卫健大数据的应用将获得更有效的法律支持。

未来的大数据应用要多关心弱势群体的使用，特别是不善于使用数字货币、数字证书、智能手机的老人家和残疾人士，公共服务应用应该致力于傻瓜化、智能化、人性化的应用。

第十五条　国家支持开发利用数据提升公共服务的智能化水平。提供智能化公共服务，应当充分考虑老年人、残疾人的需求，避免对老年人、残疾人的日常生活造成障碍。

（四）指引数据安全生态的发展

本条通过立法支持有关数据安全技术的研究开发和应用，推广安全可信的网络安全产品和服务，保护数据安全技术知识产权，支持企业、研究机构和高校等参与国家数据安全技术的创新项目。

数据和数据安全要形成共生生态，通过数据的发展引导数据安全的发展，数据的创新使用引导数据安全的创新，最终成为新的产业。

第十六条　国家支持数据开发利用和数据安全技术研究，鼓励数据开发利用和数据安全等领域的技术推广和商业创新，培育、发展数据开发利用和数据安全产品、产业体系。

（五）促进数据安全的标准建立

专业标准的制定是数据安全体系实施的基础，鼓励制定各行业、各领域的数据安全标准和实施指南，工信部、质量监督部等标准制定单位会根据数据安全技术的发展和数据产业的发展组织相关行业、学术机构、科研团体、高校及专家共同开发相关数据安全标准。

第十七条　国家推进数据开发利用技术和数据安全标准体系建设。国务院标准化行政主管部门和国务院有关部门根据各自的职责，组织制定并适时修订有关数据开发利用技术、产品和数据安全相关标准。国家支持企业、社会团体和教育、科研机构等参与标准制定。

（六）指导数据安全的评估和认证

数据是否安全应该有检测、评估的标准。后续应该有相关的数据安全成熟度或者数据安全评测标准的出台。与等级保护一样，应该会有专门的数据安全评测认证公司对数据安全进行背书。

数据安全的评测应该由有关部门、行业组织、企业、教育和科研机构、有关专业机构进行执行。同时，也会有大量的协作以确保评测方法的有效性和落地性。

未来的应用开发、安全产品应该都会有相关的数据安全评测机制进行合格评定。具体评定基础根据《中华人民共和国认证认可条例》有关规定进行展开。

第十八条　国家促进数据安全检测评估、认证等服务的发展，支持数据安全检测评估、认证等专业机构依法开展服务活动。

国家支持有关部门、行业组织、企业、教育和科研机构、有关专业机构等在数据安全风险评估、防范、处置等方面开展协作。

（七）指导征信市场的规范性

目前征信地下市场较为混乱，数据交易已经形成灰色产业链条。数据交易活动管理成为数据安全工作的焦点问题，从数据的来源、交付、使用、传递等环节的合法性问题必须通过国家立法形成有效的规制。大数据下的"人物画像"造成的大量隐私泄露等问题迫使全球针对数据的良性使用和交易活动立法化，通过立法培育一个良性数据市场。

第十九条　国家建立健全数据交易管理制度，规范数据交易行为，培育数据交易市场。

（八）指导数据安全人才的培养

人才是第一要素，国家创建网络空间安全学院培养网络安全专业人才，弥补现有的人才缺口，随着数据安全问题的日益突出，网络安全不再是简单的攻防对抗问题，数据安全在业务领域的多元化问题尤为突出，专业的数据安全课程的建设与开发势在必行。

企业结合自己的资金、技术和环境优势，与专业科研机构、培训教育行业开发与企业相关的数据安全培训，在本行业和本组织建立良好的人才培养计划，以便更好地支持数据安全工作。

第二十条　国家支持教育、科研机构和企业等开展数据开发利用技术和数据安全相关教育和培训，采取多种方式培养数据开发利用技术和数据安全专业人才，促进人才交流。

三、数据安全制度

（一）指导数据的分级分类保护

目前已经有很多地方、行业制定了数据的分级分类地方标准和行业标准，例如《金融数据安全数据安全分级指南》。未来国家也要出台统一的数据安全分级分类标准。各行业、各企业也可以基于国家的标准进行扩展和完善。

对于关键基础设施、重要民生等国家核心数据，会有更加严格的保护措施和标准进行管理。金融、能源、卫生等行业将会是重中之重。

国家机关、敏感行业要确定自己的那些数据是敏感数据，各行业应在本法的规制下分析本行业业务数据特征，制定数据分类分级标准和准则，并依据数据重要性程度建立数据资产清单，针对重要数据实施重点保护工作奠定基础。对于这些敏感数据会有更加具体的保护措施，例如脱敏、加密、不允许上传至外网等。

第二十一条　国家建立数据分类分级保护制度，根据数据在经济社会发展中的重要程度，以及一旦遭到篡改、破坏、泄露或者非法获取、非法利用，对国家安全、公共利益或者个人、组织合法权益造成的危害程度，对数据实行分类分级保护。国家数据安全工作协调机制统筹协调有关部门制定重要数据目录，加强对重要数据的保护。

关系国家安全、国民经济命脉、重要民生、重大公共利益等数据属于国家核心数据，实行更加严格的管理制度。

各地区、各部门应当按照数据分类分级保护制度，确定本地区、本部门以及相关行业、领域的重要数据具体目录，对列入目录的数据进行重点保护。

（二）指导数据的国家层面的风险管理工作

国家已经出台《信息技术 安全技术 信息安全风险管理》（GB/T 31722—2015）和《信息安全技术 信息安全风险评估规范》（GB/T 20984—2007）等标准，对安全风险的管理进行了指导。

对于数据的安全风险管理指导尚未有相关标准，后续应该会以上文的风险管理要求进行扩展。

有关部门应该是指网信办，其负有对安全情报的统筹协调职能。当然，公安作为特殊部门，也有相关职能。

国家应该会加强风险情报的共享机制，安全风险有统一的出口。行业也应该形成情报生态，通过各类情报共享机制加强国家的安全风险的管理水平。

第二十二条　国家建立集中统一、高效权威的数据安全风险评估、报告、信息共享、监测预警机制。国家数据安全工作协调机制统筹协调有关部门加强数据安全风险信息的获取、分析、研判、预警工作。

（三）指导数据安全事件的应急处置工作

《网络安全法》在第五十三、五十四、五十五条款中分别描述网络安全事件的预案制定及演练、事件确认和事件处置与通报等活动。数据安全事件发生后，组织应根据国家建立的数据安全应急处置机制，结合应急响应工作六大流程（准备—确认—遏制—根除—恢复—跟踪总结），做好事件响应工作，同时建立事件通报、上报和披露机制。

《网络安全法》在第四章中明确规定监测预警与应急处置相关工作要求。国家在《中华人民共和国突发事件应对法》（简称《突发事件应对法》）《网络安全法》《国家突发公共事件总体应急预案》《突发事件应急预案管理办法》和《信息安全技术信息安全事件分类分级指南》（GB/Z 20986—2007）基础之上于2017年4月编制了《国家网络安全事件应急响应预案》，2017年11月再次发布《公共互联网网络安全突发事件应急预案》。国家制定有关数据安全事件应急预案的工作将势在必行。

应急响应工作是建立在风险评估基础之上，在应急响应准备阶段应切实做好风险评估，以便客观有效地制定响应预案。根据《网络安全法》第五十一条规定，国家建立网络安全监测预警和信息通报制度。国家网信部门应当统筹协调有关部门加强网络安全信息收集、分析和通报工作，按照规定统一发布网络安全监测预警信息。

第二十三条　国家建立数据安全应急处置机制。发生数据安全事件，有关主管部门应当依法启动应急预案，采取相应的应急处置措施，防止危害扩大，消除安全隐患，并及时向社会发布与公众有关的警示信息。

（四）指导数据安全事件的国家级别的安全审查工作

只要从事和国家安全相关的工作都有可能导致数据安全的审查活动。相关数据处理活动在第三条中所描述有关"收集、存储、使用、加工、传输、提供、公开"全生命周期下任何一个环节都会受到严格审查及监督。

如果发现真的有相关数据安全事件，并且影响到国家安全，网信办做出的结论就是最终结论。

第二十四条　国家建立数据安全审查制度，对影响或者可能影响国家安全的数据处理活动进行国家安全审查。

依法做出的安全审查决定为最终决定。

（五）说明国际合作的数据方面的出口要求

根据《中华人民共和国出口管制法》的要求，源代码、算法等技术资料列入管制范围，这些数据的出口企业需按照出口管制法的要求执行。

本条款衔接《网络安全审查办法》，通过制定数据安全审查制度进一步针对涉及国家安全数据的入境与离境活动实施审查机制。

第二十五条　国家对与维护国家安全和利益、履行国际义务相关的属于管制物项的数据依法实施出口管制。

（六）说明国际合作的数据方面的贸易摩擦的处理方式

《中华人民共和国反外国制裁法（草案）》立法背景指出：近些年来，某些西方国家为了遏制我国发展，利用涉台、涉港、涉藏、涉疆、涉海、涉疫等问题对我国进行遏制打压，粗暴干涉我国内政，严重违反国际法和国际关系基本准则。为了维护我国的国家主权、安全、发展利益，有必要制定专门法律应对某些西方国家对我国实施的所谓"单边制裁"，为对外斗争提供法律支撑。

本法强调在数据开发利用技术中，对于他国歧视性措施我国依据相关立法采取对等措施。

第二十六条　任何国家或者地区在与数据和数据开发利用技术等有关的投资、贸易等方面对中华人民共和国采取歧视性的禁止、限制或者其他类似措施的，中华人民共和国可以根据实际情况对该国家或者地区对等采取措施。

四、数据安全保护义务

（一）数据处理活动首先要通过管理制度进行安全保障

首先要在组织中健全数据安全管理体系，包括数据处理流程的安全管理流程，建立相关的数据安全管理机构及专职人员负责数据安全具体工作，并监督、指导数据安全治理活动。必要时可以引入零信任体系进行访问控制的防护。

全组织员工要有足够的数据安全管理意识，应该了解组织数据的分级分类，了解自己在数据安全工作中应尽的义务与责任，并理解数据安全对自身的影响和损害，使其成为工作中忠实的执行者，并能够有足够的意识判断数据是否敏感。组织高层的意识教育尤为重要，安全是一个自上而下的活动，要针对高层进行有关数据安全工作重要性及合规性要求教育。

数据流出互联网的时候进行严格管控，确保敏感数据无法泄露，参考等级保护要求，设置相关的防泄露系统。

组织对数据有直接责任，应该明确哪些数据类型为重要数据，并依据"谁生产、谁负责"的原则进行追责，同时，对于数据管理组织，也依据"谁主管、谁负责"的原则进行担责。

第二十七条　开展数据处理活动应当依照法律、法规的规定，建立健全全流程数据安全管理制度，组织开展数据安全教育培训，采取相应的技术措施和其他必要措施，保障数据安全。利用互联网等信息网络开展数据处理活动，应当在网络安全等级保护制度的基础上，履行上述数据安全保护义务。

重要数据的处理者应当明确数据安全负责人和管理机构，落实数据安全保护责任。

（二）说明数据处理活动和新技术的前提是为人民造福

数据的开发和处理是一个双刃剑，一方面能够更好地为人民服务，另一方面数据的滥用会造成资本对人民福利更大的掠夺。在进行数据开发和处理的时候，要优先考虑社会的发展，更好地为人民服务，并且符合社会原有的道德认知。

《网络安全法》相关条款为第十八条，国家鼓励开发网络数据安全保护和利用技术，促进公共数据资源开放，推动技术创新和经济社会发展。

国家支持创新网络安全管理方式，运用网络新技术，提升网络安全保护水平。

第二十八条　开展数据处理活动以及研究开发数据新技术，应当有利于促进经济社会发展，增进人民福祉，符合社会公德和伦理。

（三）所有的数据处理活动都需要加强风险管理

与二十二条国家层面的风险管理要求不同，第二十九条主要是讲一般个人、企业、组织、单位的数据处理活动要进行风险管理。

个人、企业、组织、单位的数据处理活动的风险要能够有自我发现的能力，安全厂商、服务商及软件开发商在提供产品、服务中能够及时对自己产品中所产生有关危害数据安全行为的漏洞及时进行通告，并采取补救措施。工信部在《网络安全漏洞管理规定（征求意见稿）》中明确了漏洞责任方应在限定时间内对漏洞进行修复。

类似的相关法律条款为《网络安全法》第五十四到第五十六条，说明了风险监测预警与应急处置的各项要求。

依据数据所有者类型的不同，主管部门也不一样。发生数据安全事件时按照第六条要求对主管部门进行报告。

第二十九条　开展数据处理活动应当加强风险监测，发现数据安全缺陷、漏洞等风险时，应当立即采取补救措施；发生数据安全事件时，应当立即采取处置措施，按照规定及时告知用户并向有关主管部门报告。

（四）重要数据应该有加强的风险评估活动

结合第二十一条，重要数据目录为国家数据安全工作协调机制统筹协调有关部门制定，一般都和国家安全、关键基础设施相关。

目前国内没有对数据进行风险评估和管理的标准，国际标准《ISO 31000：2018 风险管理指南》和国家标准《GB T 31509—2015 信息安全技

术 信息安全风险评估实施指南》可以借鉴指导。

根据以上标准要求，数据所有者应定期，通常为每年至少一次，或者当组织发生重大变更时进行风险评估，风险评估活动以自评估为主，风险评估结果及时向上级主管机构上报。同时，通过风险评估制定风险控制措施，并在指定的时间完成风险控制，降低风险。

第三十条　重要数据的处理者应当按照规定对其数据处理活动定期开展风险评估，并向有关主管部门报送风险评估报告。

风险评估报告应当包括处理的重要数据的种类、数量，开展数据处理活动的情况，面临的数据安全风险及其应对措施等。

（五）数据出境的安全管理

对于重要数据的出境管理。由《中华人民共和国网络安全法》相关规定进行处理，相关条款为第三十七条，关键信息基础设施的运营者在中华人民共和国境内运营中收集和产生的个人信息和重要数据应当在境内存储。因业务需要，确需向境外提供的，应当按照国家网信部门会同国务院有关部门制定的办法进行安全评估；法律、行政法规另有规定的，依照其规定。

另外，《个人信息和重要数据出境安全评估办法》相关规定，离境必须经过国家网信部门的评估的数据包括：①含有或累计含有 50 万人以上的个人信息；②数据量超过 1000GB；③包含核设施、化学生物、国防军工、人口健康等领域数据，大型工程活动、海洋环境以及敏感地理信息数据等；④包含关键信息基础设施的系统漏洞、安全防护等网络安全信息；⑤关键信息基础设施运营者向境外提供个人信息和重要数据；⑥其他可能影响国家安全和社会公共利益的。其他的非重要数据的出境安全，则在后期由网信部和其他部门出台相关数据管理办法。

第三十一条　关键信息基础设施的运营者在中华人民共和国境内运

营中收集和产生的重要数据的出境安全管理，适用《中华人民共和国网络安全法》的规定；其他数据处理者在中华人民共和国境内运营中收集和产生的重要数据的出境安全管理办法，由国家网信部门会同国务院有关部门制定。

（六）数据收集不允许用非法方式进行收集和使用

该条说明数据可以使用合法的方式进行收集，同时使用的时候也必须合法。

《数据安全管理办法（征求意见稿）》对数据收集和使用提出了要求，分总则、数据收集、数据处理使用、数据安全监督管理、附则五章，共包含四十条，在个人信息收集、爬虫抓取、广告精准推送、App 过度索取权限、账户注销难等经常涉及隐私的问题上均做出了明确规定。

《网络安全法》第四章第四十一条第二款规定，网络运营者不得收集与其提供的服务无关的个人信息，不得违反法律、行政法规的规定和双方的约定收集、使用个人信息，并应当依照法律、行政法规的规定和与用户的约定，处理其保存的个人信息。

第三十二条　任何组织、个人收集数据，应当采取合法、正当的方式，不得窃取或者以其他非法方式获取数据。

法律、行政法规对收集、使用数据的目的、范围有规定的，应当在法律、行政法规规定的目的和范围内收集、使用数据。

（七）征信行业数据必须可溯源，可审计

数据提供方在收集数据时，必须有合法的来源，欧洲 GDPR 对此有明确要求，可以借鉴：

①处理是基于"同意"时，则数据控制者应能够证明数据主体已同意其对个人数据进行处理。

②如果数据主体是通过书面声明的方式表示同意，且该声明还涉及其他事项，对"同意"的请求应以与其他事项明确区别、清晰且方便获取的形式，用清晰且简明的语言呈现。该声明中任何构成违反本条例的部分应不具有约束力。

③数据主体有权随时撤回其"同意"。"同意"的撤回不影响撤回前基于"同意"进行的数据处理的合法性。在做出"同意"之前，数据主体应被告知前述权利。撤回"同意"和做出"同意"应一样容易。

④当评估"同意"是否是自由做出时，应尽最大可能考量，包括但不限于，合同的履行，服务的提供，依赖于对履行合同非必要的个人数据处理的"同意"。

另外，企业为了获得通知和明确的"同意"，必须至少通知数据主体数据控制者的身份、将处理的数据类型、如何使用以及处理操作的目的，以防"功能潜变"。还必须告知数据主体其是否有权随时撤回"同意"。退出必须像给予"同意"一样容易。在相关情况下，数据管制者还必须告知数据的使用情况，以便对由于缺乏充分性决策或其他适当保障而可能存在的数据传输风险进行自动决策。

第三十三条 从事数据交易中介服务的机构提供服务，应当要求数据提供方说明数据来源，审核交易双方的身份，并留存审核、交易记录。

（八）数据处理服务必须有相关牌照

数据交易组织应由国家有关部门授权许可之后方可实施数据交易活动，授权许可根据国家认证认可条例由有关责任部门依法授予。

数据处理服务例如征信行业，对于个人数据服务应该获取个人征信牌照，对于企业数据服务应该获取企业征信牌照。

第三十四条 法律、行政法规规定提供数据处理相关服务应当取得行政许可的，服务提供者应当依法取得许可。

（九）国家暴力机关可以授权获取各类数据

国家暴力机关可以在适当的时候，授权获取各类数据。所有组织和个人都不允许阻挠和干扰。

第二十八条　网络运营者应当为公安机关、国家安全机关依法维护国家安全和侦查犯罪的活动提供技术支持和协助。

第三十条　网信部门和有关部门在履行网络安全保护职责中获取的信息，只能用于维护网络安全的需要，不得用于其他用途。

第三十五条　公安机关、国家安全机关因依法维护国家安全或者侦查犯罪的需要调取数据，应当按照国家有关规定，经过严格的批准手续，依法进行，有关组织、个人应当予以配合。

（十）国内数据不允许在国家未授权的情况下提供给外国暴力机关

国家暴力机关可以在适当的时候，授权获取各类数据。所有组织和个人都不允许阻挠和干扰。

该条法律不是特指重要数据以上级别的数据，而是国内存储的所有数据，这一点非常重要。

与此相似的法律条文是《网络安全法》第三十七条：关键信息基础设施的运营者在中华人民共和国境内运营中收集和产生的个人信息和重要数据应当在境内存储。因业务需要，确需向境外提供的，应当按照国家网信部门会同国务院有关部门制定的办法进行安全评估；法律、行政法规另有规定的，依照其规定。

第三十六条　中华人民共和国主管机关根据有关法律和中华人民共和国缔结或者参加的国际条约、协定，或者按照平等互惠原则，处理外国司法或者执法机构关于提供数据的请求。非经中华人民共和国主管机关批准，境内的组织、个人不得向外国司法或者执法机构提供存储于中华人民共和国境内的数据。

五、政务数据安全与开放

（一）未来将大力推行智慧电子政务服务，更好地为民众造福

电子政务外网和内网都会更加注重"数据化""智能化"，对各委办局上传的数据的要求会更加精细，"准确性""时效性"将会作为评估数据质量的手段，减少以前由于各委办局互相推诿上传数据的情况。

智慧城市和数字化城市的建设会更加依赖实时的政务数据，对于政务数据的安全保护也会提升到一个新的层次。两者相辅相成，更好地为经济社会的发展赋能。

第三十七条　国家大力推进电子政务建设，提高政务数据的科学性、准确性、时效性，提升运用数据服务经济社会发展的能力。

（二）国家机关会对数据进行合理使用，并进行保密

目前国内电子政务系统已经建成基于政务数据的服务系统，并部署到各机关和社区。

政务数据的保护一直都是政务系统的重中之重，重要数据保存在政务内网，不会上传至政务外网。政务外网的个人隐私、个人信息、商业秘密、保密商务信息数据无法被非授权访问行为所获取。同时该条法律背书这些数据不会进行外泄。

第三十八条　国家机关为履行法定职责的需要收集、使用数据，应当在其履行法定职责的范围内依照法律、行政法规规定的条件和程序进行；对在履行职责中知悉的个人隐私、个人信息、商业秘密、保密商务信息等

数据应当依法予以保密，不得泄露或者非法向他人提供。

（三）如何保障政务数据安全

本条说明各国家机关应该在已有的法律、行政法规的基础上，健全完善自身的数据安全管理制度。

应该建立内部的数据保护决策、管理和执行组织，履行和落实各级数据保护责任，政务数据的保护是重中之重。

第三十九条 国家机关应当依照法律、行政法规的规定，建立健全数据安全管理制度，落实数据安全保护责任，保障政务数据安全。

（四）电子政务数据的保存方责任

目前全国各省市的电子政务数据保存服务方有三大类：一是政府专门成立的大数据管理局；二是政府的电子政务中心或者信息中心；三是政府的三产公司或者与社会力量合办的专业公司。

政务数据大部分为保密数据，存储、加工和使用必须在严格的管控下进行，监管机构一般是当地网信办和保密办。

对于政府系统的开发和维护，结合《网络安全审查管理办法》第二条规定的"关键信息基础设施运营者（以下简称运营者）采购网络产品和服务，影响或可能影响国家安全的，应当按照本办法进行网络安全审查"。建设方的选择、实施、管理、验收、交付等活动应在《网络安全审查管理办法》的指导下完成相关活动；同时受托方应通过保密协议等法律文案约定保密范围、时间、方式以及责任追溯手段。

第四十条 国家机关委托他人建设、维护电子政务系统，存储、加工政务数据，应当经过严格的批准程序，并应当监督受托方履行相应的数据安全保护义务。受托方应当依照法律、法规的规定和合同约定履行数据安全保护义务，不得擅自留存、使用、泄露或者向他人提供政务数据。

（五）电子政务数据的公示原则

政务数据公开指的是两个层面：一是政务数据的统计和报告可以向公众公示。政府在收集和发布信息时，应遵守有关法律，保证信息收集过程的正当性，信息内容的准确性，获取公众的信任。二是政务数据在国家机关中进行公开，以便通过信息技术连接政府各部门，建立电子化的单一窗口，以全天候快速服务，尽可能给公众提供政府服务的通道。

重要数据原则上保存在政务内网，属于保密数据。不允许非授权向公众或者国家机关进行公开。

第四十一条　国家机关应当遵循公正、公平、便民的原则，按照规定及时、准确地公开政务数据。依法不予公开的除外。

（六）电子政务开放的前提

政务数据在政府机关进行开放共享，前提是对政务数据分级分类，并对不同委办局的数据格式提出要求；确保元数据统一，能够汇集到 SOA 总线或者数据湖上；能够对不同来源的数据进行清洗、处理和统一格式的存储，以便更好地使用政务数据。

政务数据一体化是建立在具备数据安全保障能力的基础和前提下，实现打通"最后一公里"的综合化政务服务平台，并通过可开放性政府数据实现数据化服务体系。

第四十二条　国家制定政务数据开放目录，构建统一规范、互联互通、安全可控的政务数据开放平台，推动政务数据开放利用。

（七）电子政务其他使用单位一样受本章约束

主管部门应组织相关监管或者设计团队，制定监管计划，定期履行数据安全检查活动，并对存在数据风险的组织、个人进行约谈，依法要求其限期进行相关整改活动，并在整改完成后履行跟踪检查，确认其满足控制要求。

第四十三条　法律、法规授权的具有管理公共事务职能的组织为履行法定职责开展数据处理活动，适用本章规定。

六、法律责任

（一）数据处理风险的整改

主管部门应组织相关监管或者设计团队，制定监管计划，定期履行数据安全检查活动，并对存在数据风险的组织、个人进行约谈，依法要求其限期进行相关整改活动，并在整改完成后履行跟踪检查，确认其满足控制要求。

第四十四条　有关主管部门在履行数据安全监管职责中，发现数据处理活动存在较大安全风险的，可以按照规定的权限和程序对有关组织、个人进行约谈，并要求有关组织、个人采取措施进行整改，消除隐患。

（二）未履行数据保护的追责

处罚活动分为行政处罚（责令改正、警告、罚款、暂停相关业务、停业整顿、吊销许可及执照等活动）和刑事追溯两类。处罚主体为：直接负责的主管人员、直接责任人员。

处罚标准：

未履行保护义务：处五万元以上五十万元以下罚款，对直接负责的主管人员和其他直接责任人员可以处一万元以上十万元以下罚款。

拒不改正或造成严重后果：处五十万元以上二百万元以下罚款；对直接负责的主管人员和其他直接责任人员处五万元以上二十万元以下罚款。

违反国家核心数据管理制度，危害国家主权、安全和发展利益：处二百万元以上一千万元以下罚款。

构成犯罪行为的，刑事责任参照《刑法》第二百八十四、第二百八十五及第二百八十六条相关规定，同时在《中华人民共和国刑法修正案》第七、第九、第十一条做出更新规定。

第四十五条 开展数据处理活动的组织、个人不履行本法第二十七条、第二十九条、第三十条规定的数据安全保护义务的，由有关主管部门责令改正，给予警告，可以并处五万元以上五十万元以下罚款，对直接负责的主管人员和其他直接责任人员可以处一万元以上十万元以下罚款；拒不改正或者造成大量数据泄露等严重后果的，处五十万元以上二百万元以下罚款，并可以责令暂停相关业务、停业整顿、吊销相关业务许可证或者吊销营业执照，对直接负责的主管人员和其他直接责任人员处五万元以上二十万元以下罚款。

违反国家核心数据管理制度，危害国家主权、安全和发展利益的，由有关主管部门处二百万元以上一千万元以下罚款，并根据情况责令暂停相关业务、停业整顿、吊销相关业务许可证或者吊销营业执照；构成犯罪的，依法追究刑事责任。

（三）向境外提供重要数据的后果

对向境外提供重要数据的个人或者组织进行罚款或者吊销执照。

对于跨境电子商务、金融业务要特别小心，国外进行数据审计时，不可避免会泄露重要数据。目前主流做法有三种：一是私企可以购买中介服务，重要数据及隐私数据由中介进行保存，比如谷歌。第二种是数据放回到国内，仅做中国人生意，比如各大国内银行。第三种是对国内数据和国外数据进行切割。

另外据《个人信息和重要数据出境安全评估办法》第九条、第十一条规定国家七类重要领域数据及国家重要数据定义。处罚主体：直接负责主管人员和直接责任人员。处罚手段：罚款、责令暂停相关业务、停业整顿、

吊销相关业务许可证或者吊销营业执照

　　第四十六条　违反本法第三十一条规定，向境外提供重要数据的，由有关主管部门责令改正，给予警告，可以并处十万元以上一百万元以下罚款，对直接负责的主管人员和其他直接责任人员可以处一万元以上十万元以下罚款；情节严重的，处一百万元以上一千万元以下罚款，并可以责令暂停相关业务、停业整顿、吊销相关业务许可证或者吊销营业执照，对直接负责的主管人员和其他直接责任人员处十万元以上一百万元以下罚款。

（四）数据征信行业机构未合法获取数据的后果

　　本条针对数据交易活动建立相关责任规定；首先数据交易活动主体应该为授权许可的合法机构；其次，数据交易服务方应在履行数据来源合法证明以及确保数据安全性和可靠性的前提下开展数据交易服务。

　　第四十七条　从事数据交易中介服务的机构未履行本法第三十三条规定的义务的，由有关主管部门责令改正，没收违法所得，处违法所得一倍以上十倍以下罚款，没有违法所得或者违法所得不足十万元的，处十万元以上一百万元以下罚款，并可以责令暂停相关业务、停业整顿、吊销相关业务许可证或者吊销营业执照；对直接负责的主管人员和其他直接责任人员处一万元以上十万元以下罚款。

（五）拒不配合国家暴力机关调取数据的后果

　　国家执法机关在维护国家安全、社会秩序、公共安全、公民法人合法权益过程中依法依规向数据托管方或数据持有人提取数据的行为受到法律保护，当事人应在核验必要手续后依法配合，拒不配合的依本条款第一款规定处理。

　　对于外国暴力机关的调取数据要求，必须由主管机关审批同意以后才允许提供。

第四十八条　违反本法第三十五条规定，拒不配合数据调取的，由有关主管部门责令改正，给予警告，并处五万元以上五十万元以下罚款，对直接负责的主管人员和其他直接责任人员处一万元以上十万元以下罚款。

违反本法第三十六条规定，未经主管机关批准向外国司法或者执法机构提供数据的，由有关主管部门给予警告，可以并处十万元以上一百万元以下罚款，对直接负责的主管人员和其他直接责任人员可以处一万元以上十万元以下罚款；造成严重后果的，处一百万元以上五百万元以下罚款，并可以责令暂停相关业务、停业整顿、吊销相关业务许可证或者吊销营业执照，对直接负责的主管人员和其他直接责任人员处五万元以上五十万元以下罚款。

（六）未对数据安全进行保护的国家机关责任人的后果

国家机关数据责任人不履行数据安全保护义务的由其上级机关或有关机关责令整改，同时应追究负责的主管人员和其他直接责任人员的责任。由任免机构或监察机关根据违法行为的性质、情节及危害程度，决定给予行政处分或处罚。

第四十九条　国家机关不履行本法规定的数据安全保护义务的，对直接负责的主管人员和其他直接责任人员依法给予处分。

（七）未对数据安全进行有效监管的后果

国家机关数据责任人不履行数据安全保护义务的由其上级机关或有关机关责令整改，同时应追究负责的主管人员和其他直接责任人员的责任。由任免机构或监察机关根据违法行为的性质、情节及危害程度，决定给予行政处分或处罚。

本法针对第三十八条中履行数据安全监管职责的相关部门渎职行为的处罚规定。责任主体：承担数据安全监管职责的国家工作人员。行为约定："玩忽职守"即严重不负责任，不履行或不认真履行职责。"滥用职权"即超越职权，违法决定、处理其无权决定、处理的事项。"徇私舞弊"即为了私情或牟取私利，玩忽职守、滥用职权的行为。处分：不构成犯罪的，由任免机构或监察机关根据违法行为的性质、情节及危害程度，决定给予行政处分或处罚的；构成犯罪的，根据相关法律法规由检察机关依法提请诉讼。

第五十条 履行数据安全监管职责的国家工作人员玩忽职守、滥用职权、徇私舞弊的，依法给予处分。

（八）扰乱正当数据处理的后果

窃取或非法方式获取数据，适用《刑法》第二百八十五条第二款相关规定；数据活动排除、限制竞争，适用《中华人民共和国反不正当竞争法》（简称《反不正当竞争法》）；损害个人、组织合法权益，适用《中华人民共和国民法典》（简称《民法典》）。

第五十一条 窃取或者以其他非法方式获取数据，开展数据处理活动排除、限制竞争，或者损害个人、组织合法权益的，依照有关法律、行政法规的规定处罚。

（九）给他人造成损害的后果

《民法典》在第六章隐私权和个人信息保护中所描述的有关个人隐私侵权责任，本法有关民事责任可参考相关条款形成裁判。

本法与《民法典》《中华人民共和国治安管理处罚法》（简称《治安管理处罚法》）、《刑法》构成衔接。

第五十二条 违反本法规定，给他人造成损害的，依法承担民事责任。

违反本法规定，构成违反治安管理行为的，依法给予治安管理处罚；构成犯罪的，依法追究刑事责任。

七、附则

（一）国家秘密数据的处理守则

涉及国家秘密的数据处理，和本法无关，依《保守国家秘密法》的规定执行。

统计、档案工作有关涉及个人信息数据处理除适用本法，还需要遵循《民法典》《网络安全法》《刑法》《个人信息保护条例》等相关立法规范。

第五十三条　开展涉及国家秘密的数据处理活动，适用《中华人民共和国保守国家秘密法》等法律、行政法规的规定。

在统计、档案工作中开展数据处理活动，开展涉及个人信息的数据处理活动，还应当遵守有关法律、行政法规的规定。

（二）军事数据安全保护不属于本法管辖

第五十四条　军事数据安全保护的办法，由中央军事委员会依据本法另行制定。

八、适用范围

《数据安全法》适用于在中华人民共和国境内开展数据处理活动及其安全监管，同时也明确域外损害我国国家安全、公共利益或公民、组织合法权益情形同样适用本法。

　　另外，和一般数据保护条例一样，对于境外的数据处理活动，只要是和国家安全、公共利益或公民、组织合法权益有关系的数据，就有无限延伸权利。

习　题

　　1.《数据安全法》所称的数据安全是什么？

　　2.国家建立数据分类分级保护制度，分类分级的主要依据是什么？

　　3.未经中华人民共和国主管机关批准，境内的组织、个人向外国司法或者执法机构提供存储于中华人民共和国境内的数据，造成严重后果的，应如何处置？

　　4.列举三种数据安全管理制度机制。

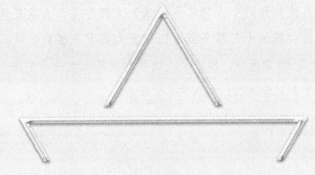

第六章
中华人民共和国个人信息保护法

《中华人民共和国个人信息保护法》（简称《个人信息保护法》）由中华人民共和国第十三届全国人民代表大会常务委员会第三十次会议于 2021 年 8 月 20 日通过，由中华人民共和国第九十一号主席令颁布，自 2021 年 11 月 1 日起施行，共八章七十四条。

第一节　立法定位

个人信息保护已经迅速成为一项独立的法律制度，有独立的法律渊源、程序设计、制度配置、执法机制、交流平台等，甚至已经形成一个专门的复合型知识结构的职业共同体和不同于传统的隐私权保护的话语体系。

个人信息保护作为一项独立的法律制度，主要体现在如下几个方面：

1. 保护客体的特殊性

个人信息保护的客体是个人信息，而个人信息的范围非常广，通常包括任何已识别或者可识别特定个人的信息，范围远远大于个人不愿为人所知、披露后会导致社会评价降低的私密信息（隐私）。个人信息保护法保护的客体并不是所有的个人信息，而是数据控制者以自动方式处理的个人信息。界定保护客体有两个重要条件，一是数据控制者，二是处理活动，保护的是数据控制者在数据处理活动中涉及的个人信息。不属于数据控制者的数据处理活动中的个人信息，不属于保护客体。

2. 义务主体的特殊性

《个人信息保护法》作为个人信息保护领域的基础性法律，在沿用《网络安全法》监管思路的基础上，扩大了个人信息本地化存储的义务主体范围。即关键信息基础设施运营者和处理个人信息达到国家网信部门规定数量的个人信息处理者，应当将在中华人民共和国境内收集和产生的个人信息存储在境内。确需向境外提供的，应当通过国家网信部门组织的安全评估；法律、行政法规和国家网信部门规定可以不进行安全评估的，从其规定。

3. 权利性质的特殊性

《个人信息保护法》直接写明了自然人关于个人信息的十多项民事权利。由此，个人信息由最初公法保护为主，发展成私法保护为常态、为主要手段的态势，这是公民社会权利本位的觉醒和体现。

第二节　立法目的

个人信息保护法的实质功能是一部个人信息处理活动行为规范法，个人信息保护的真正立法目的有两个，一个是"保护个人信息权益"，另一个是"促进个人信息合理利用"。其中"规范个人信息处理活动"处于整个《个人信息保护法》的核心地位，只有夯实"规范个人信息处理活动"这个关键环节，才能确保实现保护个人信息权益和促进个人信息合理利用之目的。

①保护个人信息权益：个人信息权益是指信息主体依法享有的、附着于个人信息之上的人身和财产权益。

②规范个人信息处理活动：个人信息活动是指个人信息的收集、存储、使用、加工、传输、提供、公开、删除等行为。

③促进个人信息合理利用。

第一条 为了保护个人信息权益，规范个人信息处理活动，促进个人信息合理利用，根据宪法，制定本法。

第三节　总体框架

本法总体框架共八章七十四条，网上有全文，简短但内容很丰富。

总则部分：明确了立法目的、适用范围、遵循原则、禁止活动、环境构建和国际合作等。

个人信息处理规则：明确了个人信息处理规则前提条件、个人信息保存期以最短必要为原则、六大场景下个人信息处理规定、"敏感个人信息"处理规则、国家机关处理个人信息规定。

个人信息跨境提供的规则：明确了个人信息跨境提供的规定、国际层面合作与竞争。

个人在个人信息处理活动中的权利：明确个人在个人信息处理活动中的权利，包括知情权、决定权、查阅复制权、转移权、更正补充权、删除权、要求解释权、代行使权。

个人信息处理中的义务：明确了个人信息处理者的义务说明、信息处理者义务执行、大型互联网平台义务、协助义务。

履行个人信息保护职责的部门：明确了职责部门责任架构、责任范围、工作说明及履职措施。

法律责任部分：明确了行政责任、民事责任和刑事责任。

附则部分：明确本法不适用范围及术语解释。

第四节　主要内容

一、总则部分

《个人信息保护法》总则部分确立了立法目的、立法宗旨、使用范围、多项处理个人信息的基本原则，对这部法律的实施具有重要的指导意义。《个人信息保护法》的基本原则主要涉及的是个人信息处理的基本准则，特别是在云环境和平台经济的背景下，很多新型和疑难的个人信息保护案件很难精准地适用具体相应的法律条款，但是个人信息处理的基本原则具有协调、漏洞补充的作用，对新型个人信息保护案件的适用将发挥重要作用。

第一条　为了保护个人信息权益，规范个人信息处理活动，促进个人信息合理利用，根据宪法，制定本法。（立法目的）

第二条　自然人的个人信息受法律保护，任何组织、个人不得侵害自然人的个人信息权益。（立法宗旨）

第三条　在中华人民共和国境内处理自然人个人信息的活动，适用本法。

在中华人民共和国境外处理中华人民共和国境内自然人个人信息的活动，有下列情形之一的，也适用本法：

（一）以向境内自然人提供产品或者服务为目的；

（二）分析、评估境内自然人的行为；

（三）法律、行政法规规定的其他情形。（适用范围）

第四条　个人信息是以电子或者其他方式记录的与已识别或者可识别的自然人有关的各种信息，不包括匿名化处理后的信息。

个人信息的处理包括个人信息的收集、存储、使用、加工、传输、提供、公开、删除等。（关键定义）

第五条　处理个人信息应当遵循合法、正当、必要和诚信原则，不得通过误导、欺诈、胁迫等方式处理个人信息。（遵循原则）

第六条　处理个人信息应当具有明确、合理的目的，并应当与处理目的直接相关，采取对个人权益影响最小的方式。

收集个人信息，应当限于实现处理目的的最小范围，不得过度收集个人信息。（目的）

第七条　处理个人信息应当遵循公开、透明原则，公开个人信息处理规则，明示处理的目的、方式和范围。（遵循原则）

第八条　处理个人信息应当保证个人信息的质量，避免因个人信息不准确、不完整对个人权益造成不利影响。（准确、完整）

第九条　个人信息处理者应当对其个人信息处理活动负责，并采取必要措施保障所处理的个人信息的安全。（责任到人）

第十条　任何组织、个人不得非法收集、使用、加工、传输他人个人信息，不得非法买卖、提供或者公开他人个人信息；不得从事危害国家安全、公共利益的个人信息处理活动。（禁止）

第十一条　国家建立健全个人信息保护制度，预防和惩治侵害个人信息权益的行为，加强个人信息保护宣传教育，推动形成政府、企业、相关社会组织、公众共同参与个人信息保护的良好环境。（环境构建）

第十二条　国家积极参与个人信息保护国际规则的制定，促进个人信

息保护方面的国际交流与合作，推动与其他国家、地区、国际组织之间的个人信息保护规则、标准等互认。（国际合作）

二、个人信息处理规则

《个人信息保护法》不仅是确立了以"告知－同意"的个人信息处理规则，而是构建了以"告知－知情－同意"为核心的个人信息处理规则体系。

（一）个人信息处理规则前提条件

第十三条 符合下列情形之一的，个人信息处理者方可处理个人信息：

（一）取得个人的同意；

（二）为订立、履行个人作为一方当事人的合同所必需，或者按照依法制定的劳动规章制度和依法签订的集体合同实施人力资源管理所必需；

（三）为履行法定职责或者法定义务所必需；

（四）为应对突发公共卫生事件，或者紧急情况下为保护自然人的生命健康和财产安全所必需；

（五）为公共利益实施新闻报道、舆论监督等行为，在合理的范围内处理个人信息；

（六）依照本法规定在合理的范围内处理个人自行公开或者其他已经合法公开的个人信息；

（七）法律、行政法规规定的其他情形。

依照本法其他有关规定，处理个人信息应当取得个人同意，但是有前款第二项至第七项规定情形的，不需取得个人同意。

第十四条 基于个人同意处理个人信息的，该同意应当由个人在充分知情的前提下自愿、明确做出。法律、行政法规规定处理个人信息应当取得个人单独同意或者书面同意的，从其规定。（明示同意、授权同意）

个人信息的处理目的、处理方式和处理的个人信息种类发生变更的，应当重新取得个人同意。（重新取得同意）

第十五条 基于个人同意处理个人信息的，个人有权撤回其同意。个人信息处理者应当提供便捷的撤回同意的方式。

个人撤回同意，不影响撤回前基于个人同意已进行的个人信息处理活动的效力。（撤销权）

第十六条 个人信息处理者不得以个人不同意处理其个人信息或者撤回同意为由，拒绝提供产品或者服务；处理个人信息属于提供产品或者服务所必需的除外。

第十七条 个人信息处理者在处理个人信息前，应当以显著方式、清晰易懂的语言真实、准确、完整地向个人告知下列事项：

（一）个人信息处理者的名称或者姓名和联系方式；

（二）个人信息的处理目的、处理方式，处理的个人信息种类、保存期限；

（三）个人行使本法规定权利的方式和程序；

（四）法律、行政法规规定应当告知的其他事项。

前款规定事项发生变更的，应当将变更部分告知个人。

个人信息处理者通过制定个人信息处理规则的方式告知第一款规定事项的，处理规则应当公开，并且便于查阅和保存。（告知要求）

第十八条 个人信息处理者处理个人信息，有法律、行政法规规定应当保密或者不需要告知的情形的，可以不向个人告知前条第一款规定的事项。

紧急情况下为保护自然人的生命健康和财产安全无法及时向个人告知的，个人信息处理者应当在紧急情况消除后及时告知。（两种例外情形）

（二）个人信息保存期以最短必要为原则

第十九条　除法律、行政法规另有规定外，个人信息的保存期限应当为实现处理目的所必要的最短时间。

（三）六大场景下个人信息处理规定

第二十条　两个以上的个人信息处理者共同决定个人信息的处理目的和处理方式的，应当约定各自的权利和义务。但是，该约定不影响个人向其中任何一个个人信息处理者要求行使本法规定的权利。

个人信息处理者共同处理个人信息，侵害个人信息权益造成损害的，应当依法承担连带责任。（1.共同处理）

第二十一条　个人信息处理者委托处理个人信息的，应当与受托人约定委托处理的目的、期限、处理方式、个人信息的种类、保护措施以及双方的权利和义务等，并对受托人的个人信息处理活动进行监督。

受托人应当按照约定处理个人信息，不得超出约定的处理目的、处理方式等处理个人信息；委托合同不生效、无效、被撤销或者终止的，受托人应当将个人信息返还个人信息处理者或者予以删除，不得保留。

未经个人信息处理者同意，受托人不得转委托他人处理个人信息。（2.委托处理）

第二十二条　个人信息处理者因合并、分立、解散、被宣告破产等原因需要转移个人信息的，应当向个人告知接收方的名称或者姓名和联系方式。接收方应当继续履行个人信息处理者的义务。接收方变更原先的处理目的、处理方式的，应当依照本法规定重新取得个人同意。（3.因合并、分立、解散、被宣告破产等原因需要转移个人信息的）

第二十三条　个人信息处理者向其他个人信息处理者提供其处理的个人信息的，应当向个人告知接收方的名称或者姓名、联系方式、处理目的、处理方式和个人信息的种类，并取得个人的单独同意。接收方应当在上述处理目的、处理方式和个人信息的种类等范围内处个人信息。接收方变更原先的处理目的、处理方式的，应当依照本法规定重新取得个人同意。（4.提供个人信息）

第二十四条　个人信息处理者利用个人信息进行自动化决策，应当保证决策的透明度和结果公平、公正，不得对个人在交易价格等交易条件上实行不合理的差别待遇。

通过自动化决策方式向个人进行信息推送、商业营销，应当同时提供不针对其个人特征的选项，或者向个人提供便捷的拒绝方式。

通过自动化决策方式做出对个人权益有重大影响的决定，个人有权要求个人信息处理者予以说明，并有权拒绝个人信息处理者仅通过自动化决策的方式做出决定。（5.自动化决策）

第二十五条　个人信息处理者不得公开其处理的个人信息，取得个人单独同意的除外。

第二十六条　在公共场所安装图像采集、个人身份识别设备，应当为维护公共安全所必需，遵守国家有关规定，并设置显著的提示标识。所收集的个人图像、身份识别信息只能用于维护公共安全的目的，不得用于其他目的；取得个人单独同意的除外。（6.公共采集）

第二十七条　个人信息处理者可以在合理的范围内处理个人自行公开或者其他已经合法公开的个人信息；个人明确拒绝的除外。个人信息处理者处理已公开的个人信息，对个人权益有重大影响的，应当依照本法规定取得个人同意。

（四）"敏感个人信息"处理规则

《个人信息保护法》对处理敏感个人信息做出了严格的限制性规定，即在履行"告知 - 知情 - 同意"原则的基础上，只有在具有特定的目的和充分的必要性，并采取严格保护措施的情形下，个人信息处理者方可处理敏感个人信息。特别是处理敏感个人信息应当取得个人的单独同意，如果法律、行政法规规定处理敏感个人信息应当取得书面同意的，应当从其规定。

第二十八条　敏感个人信息是一旦泄露或者非法使用，容易导致自然人的人格尊严受到侵害或者人身、财产安全受到危害的个人信息，包括生物识别、宗教信仰、特定身份、医疗健康、金融账户、行踪轨迹等信息，以及不满十四周岁未成年人的个人信息。（敏感信息定义）

只有在具有特定的目的和充分的必要性，并采取严格保护措施的情形下，个人信息处理者方可处理敏感个人信息。（前提条件）

第二十九条　处理敏感个人信息应当取得个人的单独同意；法律、行政法规规定处理敏感个人信息应当取得书面同意的，从其规定。（前提条件）

第三十条　个人信息处理者处理敏感个人信息的，除本法第十七条第一款规定的事项外，还应当向个人告知处理敏感个人信息的必要性以及对个人权益的影响；依照本法规定可以不向个人告知的除外。（告知要求）

第三十一条　个人信息处理者处理不满十四周岁未成年人个人信息的，应当取得未成年人的父母或者其他监护人的同意。

个人信息处理者处理不满十四周岁未成年人个人信息的，应当制定专门的个人信息处理规则。（告知要求）

第三十二条　法律、行政法规对处理敏感个人信息规定应当取得相关行政许可或者做出其他限制的，从其规定。（告知要求）

（五）国家机关处理个人信息规定

第三十三条　国家机关处理个人信息的活动，适用本法；本节有特别规定的，适用本节规定。

第三十四条　国家机关为履行法定职责处理个人信息，应当依照法律、行政法规规定的权限、程序进行，不得超出履行法定职责所必需的范围和

限度。（处理要求）

第三十五条　国家机关为履行法定职责处理个人信息，应当依照本法规定履行告知义务；有本法第十八条第一款规定的情形，或者告知将妨碍国家机关履行法定职责的除外。（遵循原则）

第三十六条　国家机关处理的个人信息应当在中华人民共和国境内存储；确需向境外提供的，应当进行安全评估。安全评估可以要求有关部门提供支持与协助。（境内存储、境外提供）

第三十七条　法律、法规授权的具有管理公共事务职能的组织为履行法定职责处理个人信息，适用本法关于国家机关处理个人信息的规定。（公共事务）

三、个人信息跨境提供的规则

在数字和网络时代，特别是疫情引发的非接触式经济，使个人信息的跨境流动日益频繁，但是由于不同国家的个人信息法律制度存在差异，个人信息跨境流动的规则也有所不同。我国《个人信息保护法》立足我国实际，并借鉴了国际立法经验，确立了一套完善的个人信息跨境提供规则。《个人信息保护法》明确了个人信息处理者向境外提供个人信息应当具备的基本条件，如关键信息基础设施运营者和处理个人信息达到国家网信部门规定数量的处理者，确需向境外提供个人信息的，应当通过国家网信部门组织的安全评估；对于其他需要跨境提供个人信息的，应由专业机构进行个人信息保护认证；个人信息处理者因业务需要向境外提供个人信息，需按照国家网信部门的标准合同与境外接收方订立合同；对我国缔结或者参加的国际条约、协定对向我国境外提供个人信息的条件等有规定的，可以按照其规定执行等。《个人信息保护法》对个人信息处理者跨境提供个人信息的"告知与单独同意"做出了严格的要求；对因国际司法协助或者行政执法协助，需要向境外提供个人信息的，要求依法申请有关主管部门批准，特别是对从事损害我国公民个人信息权益或者危害我国国家安全、公共利益等活动的境外组织、个人，以及在个人信息保护方面对我国采取不合理措施的国家和地区，规定了相应的限制或者禁止措施。

（一）个人信息跨境提供的规定

第三十八条　个人信息处理者因业务等需要，确需向中华人民共和国境外提供个人信息的，应当具备下列条件之一：

（一）依照本法第四十条的规定通过国家网信部门组织的安全评估；

（二）按照国家网信部门的规定经专业机构进行个人信息保护认证；

（三）按照国家网信部门制定的标准合同与境外接收方订立合同，约定双方的权利和义务；

（四）法律、行政法规或者国家网信部门规定的其他条件。

中华人民共和国缔结或者参加的国际条约、协定对向中华人民共和国境外提供个人信息的条件等有规定的，可以按照其规定执行。

个人信息处理者应当采取必要措施，保障境外接收方处理个人信息的活动达到本法规定的个人信息保护标准。（国家网信部门负责统筹监管）

第三十九条　个人信息处理者向中华人民共和国境外提供个人信息的，应当向个人告知境外接收方的名称或者姓名、联系方式、处理目的、处理方式、个人信息的种类以及个人向境外接收方行使本法规定权利的方式和程序等事项，并取得个人的单独同意。（告知要求）

第四十条　关键信息基础设施运营者和处理个人信息达到国家网信部门规定数量的个人信息处理者，应当将在中华人民共和国境内收集和产生的个人信息存储在境内。确需向境外提供的，应当通过国家网信部门组织的安全评估；法律、行政法规和国家网信部门规定可以不进行安全评估的，

从其规定。（告知要求）

（二）国际层面合作与竞争

第四十一条 中华人民共和国主管机关根据有关法律和中华人民共和国缔结或者参加的国际条约、协定，或者按照平等互惠原则，处理外国司法或者执法机构关于提供存储于境内个人信息的请求。非经中华人民共和国主管机关批准，个人信息处理者不得向外国司法或者执法机构提供存储于中华人民共和国境内的个人信息。（境外提供原则）

第四十二条 境外的组织、个人从事侵害中华人民共和国公民的个人信息权益，或者危害中华人民共和国国家安全、公共利益的个人信息处理活动的，国家网信部门可以将其列入限制或者禁止个人信息提供清单，予以公告，并采取限制或者禁止向其提供个人信息等措施。（跨境制约）

第四十三条 任何国家或者地区在个人信息保护方面对中华人民共和国采取歧视性的禁止、限制或者其他类似措施的，中华人民共和国可以根据实际情况对该国家或者地区对等采取措施。（对等反制）

四、个人在个人信息处理活动中的权利

《个人信息保护法》全面构建了个人在个人信息处理活动中的权利，包括知情权、决定权（限制、拒绝和撤回权）、查阅复制权、个人信息可可携带权、更正补充权、删除权、规则解释权。

知情同意权：收集和使用公民个人信息必须遵循合法、正当、必要原则，且目的必须明确并经用户的知情同意。

决定权：有权限制、拒绝或撤回他人对其个人信息的处理。

查阅复制权：个人有权向个人信息处理者查阅、复制其个人信息。

个人信息移转权：个人请求将个人信息转移至其指定的个人信息处理者，符合国家网信部门规定条件的，个人信息处理者应当提供转移的途径。

更正补充权：个人发现其个人信息不准确或者不完整的，有权请求个人信息处理者更正、补充。

删除权：在五种情形下，个人信息处理者应当主动删除个人信息，个人信息处理者未删除的，个人有权请求删除。①处理目的已实现、无法实现或者为实现处理目的不再必要。②个人信息处理者停止提供产品或者服务，或者保存期限已届满。③个人撤回同意。④个人信息处理者违反法律、行政法规或者违反约定处理个人信息。⑤法律、行政法规规定的其他情形。

规则解释权：个人有权要求个人信息处理者对其个人信息处理规则进行解释说明。

第四十四条　个人对其个人信息的处理享有知情权、决定权，有权限制或者拒绝他人对其个人信息进行处理；法律、行政法规另有规定的除外。（知情权、决定权）

第四十五条　个人有权向个人信息处理者查阅、复制其个人信息；有本法第十八条第一款、第三十五条规定情形的除外。

个人请求查阅、复制其个人信息的，个人信息处理者应当及时提供。（查阅复制权）

个人请求将个人信息转移至其指定的个人信息处理者，符合国家网信部门规定条件的，个人信息处理者应当提供转移的途径。（转移权）

第四十六条　个人发现其个人信息不准确或者不完整的，有权请求个人信息处理者更正、补充。

个人请求更正、补充其个人信息的，个人信息处理者应当对其个人信息予以核实，并及时更正、补充。（更正补充权）

第四十七条　有下列情形之一的，个人信息处理者应当主动删除个人信息；个人信息处理者未删除的，个人有权请求删除：

（一）处理目的已实现、无法实现或者为实现处理目的不再必要；

（二）个人信息处理者停止提供产品或者服务，或者保存期限已届满；

（三）个人撤回同意；

（四）个人信息处理者违反法律、行政法规或者违反约定处理个人信息；

（五）法律、行政法规规定的其他情形。

法律、行政法规规定的保存期限未届满，或者删除个人信息从技术上难以实现的，个人信息处理者应当停止除存储和采取必要的安全保护措施之外的处理。（删除权）

第四十八条 个人有权要求个人信息处理者对其个人信息处理规则进行解释说明。（要求解释权）

第四十九条 自然人死亡的，其近亲属为了自身的合法、正当利益，可以对死者的相关个人信息行使本章规定的查阅、复制、更正、删除等权利；死者生前另有安排的除外。（代行使权）

第五十条 个人信息处理者应当建立便捷的个人行使权利的申请受理和处理机制。拒绝个人行使权利的请求的，应当说明理由。

个人信息处理者拒绝个人行使权利的请求的，个人可以依法向人民法院提起诉讼。

五、个人信息处理者的义务

《个人信息保护法》专门要求其履行"守门人"角色，并承担更多责任，主要包括：①应按照国家规定建立健全个人信息保护合规制度体系。②成立主要由外部成员组成的独立机构进行监督。③遵循公开、公平、公正的原则制定平台规则。④对严重违法处理个人信息的平台内产品或服务提供者停止提供服务。⑤定期发布个人信息保护社会责任报告并接受社会监督等。

（一）个人信息处理者的义务说明

第五十一条　个人信息处理者应当根据个人信息的处理目的、处理方式、个人信息的种类以及对个人权益的影响、可能存在的安全风险等，采取下列措施确保个人信息处理活动符合法律、行政法规的规定，并防止未经授权的访问以及个人信息泄露、篡改、丢失：

（一）制定内部管理制度和操作规程；（制度规程规定）

（二）对个人信息实行分类管理；（信息分类管理）

（三）采取相应的加密、去标识化等安全技术措施；（安全技术措施采用）

（四）合理确定个人信息处理的操作权限，并定期对从业人员进行安全教育和培训；（内部人员管理）

（五）制定并组织实施个人信息安全事件应急预案；（应急预案制定）

（六）法律、行政法规规定的其他措施。（法定其他措施）

（二）信息处理者义务执行

第五十二条　处理个人信息达到国家网信部门规定数量的个人信息处理者应当指定个人信息保护负责人，负责对个人信息处理活动以及采取的保护措施等进行监督。

个人信息处理者应当公开个人信息保护负责人的联系方式，并将个人信息保护负责人的姓名、联系方式等报送履行个人信息保护职责的部门。（安全负责人指定）

第五十三条　本法第三条第二款规定的中华人民共和国境外的个人信息处理者，应当在中华人民共和国境内设立专门机构或者指定代表，负责处理个人信息保护相关事务，并将有关机构的名称或者代表的姓名、联系方式等报送履行个人信息保护职责的部门。（机构设立或代表指定）

第五十四条　个人信息处理者应当定期对其处理个人信息遵守法律、行政法规的情况进行合规审计。（定期合规审计）

第五十五条　有下列情形之一的，个人信息处理者应当事前进行个人信息保护影响评估，并对处理情况进行记录：

（一）处理敏感个人信息；

（二）利用个人信息进行自动化决策；

（三）委托处理个人信息、向其他个人信息处理者提供个人信息、公开个人信息；

（四）向境外提供个人信息；

（五）其他对个人权益有重大影响的个人信息处理活动。（事前个人信息保护影响评估 – 适用情形）

第五十六条　个人信息保护影响评估应当包括下列内容：

（一）个人信息的处理目的、处理方式等是否合法、正当、必要；

（二）对个人权益的影响及安全风险；

（三）所采取的保护措施是否合法、有效并与风险程度相适应。

个人信息保护影响评估报告和处理情况记录应当至少保存三年。（事前个人信息保护影响评估 – 内容要求）

第五十七条　发生或者可能发生个人信息泄露、篡改、丢失的，个人信息处理者应当立即采取补救措施，并通知履行个人信息保护职责的部门和个人。通知应当包括下列事项：

（一）发生或者可能发生个人信息泄露、篡改、丢失的信息种类、原因和可能造成的危害；（信息种类、泄露篡改、丢失原因，危害分析）

（二）个人信息处理者采取的补救措施和个人可以采取的减轻危害的措施；（补救措施）

（三）个人信息处理者的联系方式。（联系方式）

个人信息处理者采取措施能够有效避免信息泄露、篡改、丢失造成危害的，个人信息处理者可以不通知个人；履行个人信息保护职责的部门认为可能造成危害的，有权要求个人信息处理者通知个人。（通知个人）

（事后事项通知内容）

（三）大型互联网平台义务

第五十八条 提供重要互联网平台服务、用户数量巨大、业务类型复杂的个人信息处理者，应当履行下列义务：

（一）按照国家规定建立健全个人信息保护合规制度体系，成立主要由外部成员组成的独立机构对个人信息保护情况进行监督；（建立健全制度、独立机构建立）

（二）遵循公开、公平、公正的原则，制定平台规则，明确平台内产品或者服务提供者处理个人信息的规范和保护个人信息的义务；（原则）

（三）对严重违反法律、行政法规处理个人信息的平台内的产品或者服务提供者，停止提供服务；（违规停止服务）

（四）定期发布个人信息保护社会责任报告，接受社会监督。（社会责任义务）

（四）协助义务

第五十九条 接受委托处理个人信息的受托人，应当依照本法和有关法律、行政法规的规定，采取必要措施保障所处理的个人信息的安全，并协助个人信息处理者履行本法规定的义务。

六、履行个人信息保护职责的部门

（一）职责部门责任架构

责任架构分析说明：履行个人信息保护职责的部门由国家网信部门进行统筹和协调，具体落实的工作由国务院各部门在各自职责范围内进行纵向的"条块管理"，县级以上地方人民政府也按照该模式进行管理。

第六十条 国家网信部门负责统筹协调个人信息保护工作和相关监督管理工作。国务院有关部门依照本法和有关法律、行政法规的规定，在各自职责范围内负责个人信息保护和监督管理工作。

县级以上地方人民政府有关部门的个人信息保护和监督管理职责，按照国家有关规定确定。

前两款规定的部门统称为履行个人信息保护职责的部门。

（二）责任范围

第六十一条 履行个人信息保护职责的部门履行下列个人信息保护职责：

（一）开展个人信息保护宣传教育，指导、监督个人信息处理者开展个人信息保护工作；（宣传教育开展）

（二）接受、处理与个人信息保护有关的投诉、举报；（投诉举报处理）

（三）组织对应用程序等个人信息保护情况进行测评，并公布测评结果；（应用程序等测评）

（四）调查、处理违法个人信息处理活动；（违法调查处理）

（五）法律、行政法规规定的其他职责。（法定其他职责）

（三）工作说明及履职措施

1. 工作说明

第六十二条　国家网信部门统筹协调有关部门依据本法推进下列个人信息保护工作：

（一）制定个人信息保护具体规则、标准；（规则标准制定 - 个人信息保护）

（二）针对小型个人信息处理者、处理敏感个人信息以及人脸识别、人工智能等新技术、新应用，制定专门的个人信息保护规则、标准；（规则标准制定 - 新技术应用）

（三）支持研究开发和推广应用安全、方便的电子身份认证技术，推进网络身份认证公共服务建设；（认证技术支持）

（四）推进个人信息保护社会化服务体系建设，支持有关机构开展个人信息保护评估、认证服务；（服务体系建设）

（五）完善个人信息保护投诉、举报工作机制。（投诉举报机制）

2. 履职措施

第六十三条　履行个人信息保护职责的部门履行个人信息保护职责，可以采取下列措施：

（一）询问有关当事人，调查与个人信息处理活动有关的情况；（调查相关情况）

（二）查阅、复制当事人与个人信息处理活动有关的合同、记录、账簿以及其他有关资料；（查阅复制资料）

（三）实施现场检查，对涉嫌违法的个人信息处理活动进行调查；（实施现场检查）

（四）检查与个人信息处理活动有关的设备、物品；对有证据证明是用于违法个人信息处理活动的设备、物品，向本部门主要负责人书面报告并经批准，可以查封或者扣押。（设备物品检查）

履行个人信息保护职责的部门依法履行职责，当事人应当予以协助、配合，不得拒绝、阻挠。

第六十四条 履行个人信息保护职责的部门在履行职责中，发现个人信息处理活动存在较大风险或者发生个人信息安全事件的，可以按照规定的权限和程序对该个人信息处理者的法定代表人或者主要负责人进行约谈，或者要求个人信息处理者委托专业机构对其个人信息处理活动进行合规审计。个人信息处理者应当按照要求采取措施，进行整改，消除隐患。

履行个人信息保护职责的部门在履行职责中，发现违法处理个人信息涉嫌犯罪的，应当及时移送公安机关依法处理。

第六十五条 任何组织、个人有权对违法个人信息处理活动向履行个人信息保护职责的部门进行投诉、举报。收到投诉、举报的部门应当依法及时处理，并将处理结果告知投诉、举报人。

履行个人信息保护职责的部门应当公布接受投诉、举报的联系方式。

七、法律责任

为了确保个人信息处理者遵守个人信息保护之义务，严格规范个人信息的处理活动，《个人信息保护法》设置了严格的行政和民事法律责任。

（一）行政责任

第六十六条 违反本法规定处理个人信息，或者处理个人信息未履行本法规定的个人信息保护义务的，由履行个人信息保护职责的部门责令改正，给予警告，没收违法所得，对违法处理个人信息的应用程序，责令暂停或者终止提供服务；拒不改正的，并处一百万元以下罚款；对直接负责的主管人员和其他直接责任人员处一万元以上十万元以下罚款。

有前款规定的违法行为，情节严重的，由省级以上履行个人信息保护职责的部门责令改正，没收违法所得，并处五千万元以下或者上一年度营业额百分之五以下罚款，并可以责令暂停相关业务或者停业整顿、通报有关主管部门吊销相关业务许可或者吊销营业执照；对直接负责的主管人员和其他直接责任人员处十万元以上一百万元以下罚款，并可以决定禁止其在一定期限内担任相关企业的董事、监事、高级管理人员和个人信息保护负责人。

第六十七条　有本法规定的违法行为的，依照有关法律、行政法规的规定记入信用档案，并予以公示。

第六十八条　国家机关不履行本法规定的个人信息保护义务的，由其上级机关或者履行个人信息保护职责的部门责令改正；对直接负责的主管人员和其他直接责任人员依法给予处分。

履行个人信息保护职责的部门的工作人员玩忽职守、滥用职权、徇私舞弊，尚不构成犯罪的，依法给予处分。

（二）民事责任

第六十九条　处理个人信息侵害个人信息权益造成损害，个人信息处理者不能证明自己没有过错的，应当承担损害赔偿等侵权责任。

前款规定的损害赔偿责任按照个人因此受到的损失或者个人信息处理者因此获得的利益确定；个人因此受到的损失和个人信息处理者因此获得的利益难以确定的，根据实际情况确定赔偿数额。

（三）刑事责任

第七十条　个人信息处理者违反本法规定处理个人信息，侵害众多个人的权益的，人民检察院、法律规定的消费者组织和由国家网信部门确定的组织可以依法向人民法院提起诉讼。

第七十一条 违反本法规定，构成违反治安管理行为的，依法给予治安管理处罚；构成犯罪的，依法追究刑事责任。

八、附则

第七十二条 自然人因个人或者家庭事务处理个人信息的，不适用本法。

法律对各级人民政府及其有关部门组织实施的统计、档案管理活动中的个人信息处理有规定的，适用其规定。

第七十三条 本法下列用语的含义：

（一）个人信息处理者，是指在个人信息处理活动中自主决定处理目的、处理方式的组织、个人。

（二）自动化决策，是指通过计算机程序自动分析、评估个人的行为习惯、兴趣爱好或者经济、健康、信用状况等，并进行决策的活动。

（三）去标识化，是指个人信息经过处理，使其在不借助额外信息的情况下无法识别特定自然人的过程。

（四）匿名化，是指个人信息经过处理无法识别特定自然人且不能复原的过程。

第七十四条 本法自 2021 年 11 月 1 日起施行。

九、适用范围

第三条　在中华人民共和国境内处理自然人个人信息的活动,适用本法。

在中华人民共和国境外处理中华人民共和国境内自然人个人信息的活动,有下列情形之一的,也适用本法:

（一）以向境内自然人提供产品或者服务为目的;

（二）分析、评估境内自然人的行为;

（三）法律、行政法规规定的其他情形。

习　题

1.《个人信息保护法》所称的敏感个人信息是什么?

2.个人信息的处理过程包括哪些?

3.个人信息处理的前提条件是?

4.个人信息处理的告知要求有哪些?

5.六大场景下个人信息处理规定是?

6.个人信息处理者采取的安全技术措施有哪些?

7.大型互联网平台的业务有哪些?

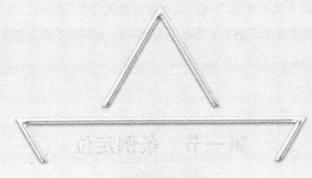

第七章
关键信息基础设施安全保护条例

2021年4月27日,经国务院第133次常务会议通过,2021年7月30日,国务院总理李克强签署中华人民共和国国务院令第745号,公布《关键信息基础设施安全保护条例》(简称《条例》),自2021年9月1日起施行。

第一节　条例定位

《网络安全法》是网络空间安全的基础法律,其中提到了三个核心保护制度:网络安全等级保护制度、用户信息保护制度、关键信息基础设施保护制度。网络安全等级保护制度和关键信息基础设施保护制度是网络安全法的两个重要组成部分,不可分割。关键信息基础设施保护制度是在网络安全等级保护制度的基础上,采取技术保护措施和其他必要措施,保障完整性、保密性和可用性。这两个制度同时兼顾了合规性和实用性要求,在网络安全法的支持下,给保护工作提供了法律保障。

第二节　条例目的

《关键信息基础设施安全保护条例》旨在建立专门保护制度,明确各方责任,提出保障促进措施,保障关键信息基础设施安全及维护网络安全,根据《网络安全法》，制定的条例。

第一条　为了保障关键信息基础设施安全，维护网络安全，根据《中华人民共和国网络安全法》，制定本条例。（目的）

第三节　适用范围

关键信息基础设施的范围划定，属于关系国计民生的行业和领域，一般在等保三级以上。关键信息基础设施范围划定的系统是指垂直的业务系统，仅从业务角度划分，不区分省市级别。依据国家互联网信息办公室发布的《关键信息基础设施确定指南（试行）》来看，关键信息基础设施包括：

网站类：如县级（含）以上党政机关网站，重点新闻网站或者日均访问超过 100 万人次的网站等。

平台类：如注册用户数超过 1000 万，或活跃用户（每日至少登录一次）数超过 100 万，或日均成交订单额或交易额超过 1000 万元的网络服务平台可定为关键信息基础设施。

生产业务类：如地市级以上政府机关面向公众服务的业务系统，或与医疗、安防、消防、应急指挥、生产调度、交通指挥等相关的城市管理系统，或规模超过 1500 个标准机架的数据中心等。

第二条　本条例所称关键信息基础设施，是指公共通信和信息服务、能源、交通、水利、金融、公共服务、电子政务、国防科技工业等重要行业和领域的，以及其他一旦遭到破坏、丧失功能或者数据泄露，可能严重危害国家安全、国计民生、公共利益的重要网络设施、信息系统等。（适用范围）

第四节　主要内容

一、总则

第一条　为了保障关键信息基础设施安全，维护网络安全，根据《中华人民共和国网络安全法》，制定本条例。（条例目的）

第二条　本条例所称关键信息基础设施，是指公共通信和信息服务、能源、交通、水利、金融、公共服务、电子政务、国防科技工业等重要行业和领域的，以及其他一旦遭到破坏、丧失功能或者数据泄露，可能严重危害国家安全、国计民生、公共利益的重要网络设施、信息系统等。（适用范围）

第三条　在国家网信部门统筹协调下，国务院公安部门负责指导监督关键信息基础设施安全保护工作。国务院电信主管部门和其他有关部门依照本条例和有关法律、行政法规的规定，在各自职责范围内负责关键信息基础设施安全保护和监督管理工作。

省级人民政府有关部门依据各自职责对关键信息基础设施实施安全保护和监督管理。（各部门职责）

第四条　关键信息基础设施安全保护坚持综合协调、分工负责、依法保护，强化和落实关键信息基础设施运营者（以下简称运营者）主体责任，充分发挥政府及社会各方面的作用，共同保护关键信息基础设施安全。（遵循原则）

第五条　国家对关键信息基础设施实行重点保护，采取措施，监测、防御、处置来源于中华人民共和国境内外的网络安全风险和威胁，保护关键信息基础设施免受攻击、侵入、干扰和破坏，依法惩治危害关键信息基础设施安全的违法犯罪活动。（重点保护）

任何个人和组织不得实施非法侵入、干扰、破坏关键信息基础设施的活动，不得危害关键信息基础设施安全。（违法禁止）

第六条　运营者依照本条例和有关法律、行政法规的规定以及国家标准的强制性要求，在网络安全等级保护的基础上，采取技术保护措施和其他必要措施，应对网络安全事件，防范网络攻击和违法犯罪活动，保障关键信息基础设施安全稳定运行，维护数据的完整性、保密性和可用性。（最终目标）

第七条　对在关键信息基础设施安全保护工作中取得显著成绩或者做出突出贡献的单位和个人，按照国家有关规定给予表彰。（表彰工作）

二、关键信息基础设施认定

关键信息基础设施保护的流程首先需要由行业主管、监管部门制定认定规则，然后由公安部门整体监管，各行业情况报送公安部备案，最后各运营者落实保护措施，开展安全检测评估工作。

关键信息基础设施的确定，通常包括三个步骤，一是确定关键业务，二是确定支撑关键业务的信息系统或工业控制系统，三是根据关键业务对信息系统或工业控制系统的依赖程度，以及信息系统发生网络安全事件后可能造成的损失认定关键信息基础设施。

第八条　本条例第二条涉及的重要行业和领域的主管部门、监督管理部门是负责关键信息基础设施安全保护工作的部门（以下简称保护工作部门）。

第九条　保护工作部门结合本行业、本领域实际，制定关键信息基础设施认定规则，并报国务院公安部门备案。

制定认定规则应当主要考虑下列因素：

（一）网络设施、信息系统等对于本行业、本领域关键核心业务的重要程度；

（二）网络设施、信息系统等一旦遭到破坏、丧失功能或者数据泄露可能带来的危害程度；

（三）对其他行业和领域的关联性影响。

第十条　保护工作部门根据认定规则负责组织认定本行业、本领域的关键信息基础设施，及时将认定结果通知运营者，并通报国务院公安部门。（本行业本领域认定）

第十一条　关键信息基础设施发生较大变化，可能影响其认定结果的，运营者应当及时将相关情况报告保护工作部门。保护工作部门自收到报告之日起 3 个月内完成重新认定，将认定结果通知运营者，并通报国务院公安部门。（重新认定）

三、运营者责任义务

（一）三同步原则

重申了在网络安全法提到的安全 "三同步" 原则，三同步原则覆盖了信息系统的全生命周期，这一点体现了《条例》以问题为导向的总体思路，一方面强调了业务系统和安全建设必须同步进行，杜绝 "重业务，轻安全" 的现象，另一方面，也要求在运维过程中的持续安全措施的迭代，需要在规划中考虑，杜绝 "重建设，轻运维" 的弊端。

第十二条　安全保护措施应当与关键信息基础设施同步规划、同步建设、同步使用。

（二）保护机构

第十三条　运营者应当建立健全网络安全保护制度和责任制，保障人力、财力、物力投入。运营者的主要负责人对关键信息基础设施安全保护负总责，领导关键信息基础设施安全保护和重大网络安全事件处置工作，组织研究解决重大网络安全问题。（建立健全网络安全保护制度和责任制）

第十四条　运营者应当设置专门安全管理机构，并对专门安全管理机构负责人和关键岗位人员进行安全背景审查。审查时，公安机关、国家安全机关应当予以协助。（专门安全管理机构、人员安全背景审查）

第十五条　专门安全管理机构具体负责本单位的关键信息基础设施安全保护工作，履行下列职责：

（一）建立健全网络安全管理、评价考核制度，拟订关键信息基础设施安全保护计划；

（二）组织推动网络安全防护能力建设，开展网络安全监测、检测和风险评估；

（三）按照国家及行业网络安全事件应急预案，制定本单位应急预案，定期开展应急演练，处置网络安全事件；

（四）认定网络安全关键岗位，组织开展网络安全工作考核，提出奖励和惩处建议；

（五）组织网络安全教育、培训；

（六）履行个人信息和数据安全保护责任，建立健全个人信息和数据安全保护制度；

（七）对关键信息基础设施设计、建设、运行、维护等服务实施安全管理；

（八）按照规定报告网络安全事件和重要事项。（专门安全管理机构职责）

第十六条　运营者应当保障专门安全管理机构的运行经费、配备相应的人员，开展与网络安全和信息化有关的决策应当有专门安全管理机构人员参与。（经费和人员配备）

（三）关键信息基础设施每年至少一次安全检测和评估

关键信息基础设施每年至少一次安全检测和评估，这说明关键信息基础设施至少是等保三级以上的系统。检测评估内容包括但不限于网络安全制度落实情况、组织机构建设情况、人员和经费投入情况、教育培训情况、网络安全等级保护工作落实情况、密码应用安全性评估情况、技术防护情况、云服务安全评估情况、风险评估情况、应急演练情况、攻防演练情况等，尤其关注关键信息基础设施跨系统、跨区域间的信息流动，及其关键业务流动过程中所经资产的安全防护情况。

第十七条　运营者应当自行或者委托网络安全服务机构对关键信息基础设施每年至少进行一次网络安全检测和风险评估，对发现的安全问题及时整改，并按照保护工作部门要求报送情况。

（四）报告制度

第十八条　关键信息基础设施发生重大网络安全事件或者发现重大网络安全威胁时，运营者应当按照有关规定向保护工作部门、公安机关报告。

发生关键信息基础设施整体中断运行或者主要功能故障、国家基础信息以及其他重要数据泄露、较大规模个人信息泄露、造成较大经济损失、违法信息较大范围传播等特别重大网络安全事件或者发现特别重大网络安全威胁时，保护工作部门应当在收到报告后，及时向国家网信部门、国务院公安部门报告。

（五）网络产品和服务

《条例》中提到的安全可信包括了两层含义。首先是需要有自主知识产权的产品，第二是产品的可信验证的能力。虽然在网络安全等级保护通用要求里面提到过，但是由于只是推荐的条款，在实际执行的时候容易忽视，产品供应商也以此为依据，在该技术领域投入研究不足。《条例》中明确了应"优先"采购，这一点确立了具备可信能力产品的商业优先权。

第十九条　运营者应当优先采购安全可信的网络产品和服务；采购网络产品和服务可能影响国家安全的，应当按照国家网络安全规定通过安全审查。（安全可信的网络产品和服务）

第二十条　运营者采购网络产品和服务，应当按照国家有关规定与网络产品和服务提供者签订安全保密协议，明确提供者的技术支持和安全保密义务与责任，并对义务与责任履行情况进行监督。（义务和责任）

（六）运营者合并、分立、解散情况处理

第二十一条　运营者发生合并、分立、解散等情况，应当及时报告保护工作部门，并按照保护工作部门的要求对关键信息基础设施进行处置，确保安全。（合并、分立、解散情况处理）

四、保障和促进

（一）部门职责

第二十二条　保护工作部门应当制定本行业、本领域关键信息基础设施安全规划，明确保护目标、基本要求、工作任务、具体措施。（保护工作部门责任）

第二十三条 国家网信部门统筹协调有关部门建立网络安全信息共享机制，及时汇总、研判、共享、发布网络安全威胁、漏洞、事件等信息，促进有关部门、保护工作部门、运营者以及网络安全服务机构等之间的网络安全信息共享。（国家网信部门职责）

（二）以行业为单位进行规划和保护

《条例》创新性地提出以行业为单位进行规划和保护，这一点很接地气，网络安全等级保护推出通用性的标准后，实际上在很多行业都会依据自己的行业特征，制定本行业的网络安全等级保护规范。《条例》推出后，行业主管部门以及行业联盟组织机构将要承担更多的管理职能。行业安全监管的内容也很明确，包括监测、状态、预警、态势、通报等内容，技术上对安全能力要求具备跨层级、跨地域的管理和监测能力，管理上要求安全态势与通报制度进行同步对接。

第二十四条 保护工作部门应当建立健全本行业、本领域的关键信息基础设施网络安全监测预警制度，及时掌握本行业、本领域关键信息基础设施运行状况、安全态势，预警通报网络安全威胁和隐患，指导做好安全防范工作。

（三）网络安全事件应急预案要求

关键信息基础设施运营者和等保三级以上网络运营者应定期开展应急演练，有效处置网络安全事件，并针对应急演练中发现的突出问题和漏洞隐患，及时整改加固，完善保护措施。行业主管部门、网络运营者应配合公安机关每年组织开展的网络安全监督检查、比武演习等工作，不断提升安全保护能力和对抗能力。

第二十五条 保护工作部门应当按照国家网络安全事件应急预案的要求，建立健全本行业、本领域的网络安全事件应急预案，定期组织应急演练；指导运营者做好网络安全事件应对处置，并根据需要组织提供技术支持与协助。

（四）网络安全检查检测

第二十六条　保护工作部门应当定期组织开展本行业、本领域关键信息基础设施网络安全检查检测，指导监督运营者及时整改安全隐患、完善安全措施。（网络安全检查检测）

第二十七条　国家网信部门统筹协调国务院公安部门、保护工作部门对关键信息基础设施进行网络安全检查检测，提出改进措施。

有关部门在开展关键信息基础设施网络安全检查时，应当加强协同配合、信息沟通，避免不必要的检查和交叉重复检查。检查工作不得收取费用，不得要求被检查单位购买指定品牌或者指定生产、销售单位的产品和服务。

第二十八条　运营者对保护工作部门开展的关键信息基础设施网络安全检查检测工作，以及公安、国家安全、保密行政管理、密码管理等有关部门依法开展的关键信息基础设施网络安全检查工作应当予以配合。

（五）技术支持和协助

第二十九条　在关键信息基础设施安全保护工作中，国家网信部门和国务院电信主管部门、国务院公安部门等应当根据保护工作部门的需要，及时提供技术支持和协助。

（六）禁止要求

第三十条　网信部门、公安机关、保护工作部门等有关部门，网络安全服务机构及其工作人员对于在关键信息基础设施安全保护工作中获取的信息，只能用于维护网络安全，并严格按照有关法律、行政法规的要求确保信息安全，不得泄露、出售或者非法向他人提供。（信息禁止要求）

第三十一条 未经国家网信部门、国务院公安部门批准或者保护工作部门、运营者授权，任何个人和组织不得对关键信息基础设施实施漏洞探测、渗透性测试等可能影响或者危害关键信息基础设施安全的活动。对基础电信网络实施漏洞探测、渗透性测试等活动，应当事先向国务院电信主管部门报告。（测试禁止要求）

（七）安全运行要求

第三十二条 国家采取措施，优先保障能源、电信等关键信息基础设施安全运行。

能源、电信行业应当采取措施，为其他行业和领域的关键信息基础设施安全运行提供重点保障。

第三十三条 公安机关、国家安全机关依据各自职责依法加强关键信息基础设施安全保卫，防范打击针对和利用关键信息基础设施实施的违法犯罪活动。

（八）标准制定

第三十四条 国家制定和完善关键信息基础设施安全标准，指导、规范关键信息基础设施安全保护工作。

（九）国家继续教育体系

网络安全的本质是"人与人的对抗"，安全教育培训体系是提升安全人员的单兵素质的最有效手段。培训体系应包括理论学习、实战演练、综合考核，定期培训，持证上岗，确保安全人员的专业水平能够保持与时俱进。

第三十五条 国家采取措施，鼓励网络安全专门人才从事关键信息基础设施安全保护工作；将运营者安全管理人员、安全技术人员培训纳入国家继续教育体系。

（十）技术创新和产业发展

第三十六条 国家支持关键信息基础设施安全防护技术创新和产业发展，组织力量实施关键信息基础设施安全技术攻关。

（十一）网络安全服务机构建设和管理

第三十七条 国家加强网络安全服务机构建设和管理，制定管理要求并加强监督指导，不断提升服务机构能力水平，充分发挥其在关键信息基础设施安全保护中的作用。

（十二）网络安全军民融合，军地协同

第三十八条 国家加强网络安全军民融合，军地协同保护关键信息基础设施安全。

五、法律责任

（一）行政责任

第三十九条 运营者有下列情形之一的，由有关主管部门依据职责责令改正，给予警告；拒不改正或者导致危害网络安全等后果的，处 10 万元以上 100 万元以下罚款，对直接负责的主管人员处 1 万元以上 10 万元以下罚款：

（一）在关键信息基础设施发生较大变化，可能影响其认定结果时未及时将相关情况报告保护工作部门的；

（二）安全保护措施未与关键信息基础设施同步规划、同步建设、同步使用的；

（三）未建立健全网络安全保护制度和责任制的；

（四）未设置专门安全管理机构的；

（五）未对专门安全管理机构负责人和关键岗位人员进行安全背景审查的；

（六）开展与网络安全和信息化有关的决策没有专门安全管理机构人员参与的；

（七）专门安全管理机构未履行本条例第十五条规定的职责的；

（八）未对关键信息基础设施每年至少进行一次网络安全检测和风险评估，未对发现的安全问题及时整改，或者未按照保护工作部门要求报送情况的；

（九）采购网络产品和服务，未按照国家有关规定与网络产品和服务提供者签订安全保密协议的；

（十）发生合并、分立、解散等情况，未及时报告保护工作部门，或者未按照保护工作部门的要求对关键信息基础设施进行处置的。

第四十条 运营者在关键信息基础设施发生重大网络安全事件或者发现重大网络安全威胁时，未按照有关规定向保护工作部门、公安机关报告的，由保护工作部门、公安机关依据职责责令改正，给予警告；拒不改正或者导致危害网络安全等后果的，处 10 万元以上 100 万元以下罚款，对直接负责的主管人员处 1 万元以上 10 万元以下罚款。

第四十一条 运营者采购可能影响国家安全的网络产品和服务，未按照国家网络安全规定进行安全审查的，由国家网信部门等有关主管部门依据职责责令改正，处采购金额 1 倍以上 10 倍以下罚款，对直接负责的主管人员和其他直接责任人员处 1 万元以上 10 万元以下罚款。

第四十二条 运营者对保护工作部门开展的关键信息基础设施网络安全检查检测工作，以及公安、国家安全、保密行政管理、密码管理等有关部门依法开展的关键信息基础设施网络安全检查工作不予配合的，由有关主管部门责令改正；拒不改正的，处 5 万元以上 50 万元以下罚款，对直接负责的主管人员和其他直接责任人员处 1 万元以上 10 万元以下罚款；情节严重的，依法追究相应法律责任。

第四十三条 实施非法侵入、干扰、破坏关键信息基础设施，危害其安全的活动尚不构成犯罪的，依照《中华人民共和国网络安全法》有关规定，由公安机关没收违法所得，处 5 日以下拘留，可以并处 5 万元以上 50 万元以下罚款；情节较重的，处 5 日以上 15 日以下拘留，可以并处 10 万元以上 100 万元以下罚款。

单位有前款行为的，由公安机关没收违法所得，处 10 万元以上 100 万元以下罚款，并对直接负责的主管人员和其他直接责任人员依照前款规定处罚。

违反本条例第五条第二款和第三十一条规定，受到治安管理处罚的人员，5 年内不得从事网络安全管理和网络运营关键岗位的工作；受到刑事处罚的人员，终身不得从事网络安全管理和网络运营关键岗位的工作。

第四十四条 网信部门、公安机关、保护工作部门和其他有关部门及其工作人员未履行关键信息基础设施安全保护和监督管理职责或者玩忽职守、滥用职权、徇私舞弊的，依法对直接负责的主管人员和其他直接责任人员给予处分。

第四十五条 公安机关、保护工作部门和其他有关部门在开展关键信息基础设施网络安全检查工作中收取费用，或者要求被检查单位购买指定品牌或者指定生产、销售单位的产品和服务的，由其上级机关责令改正，退还收取的费用；情节严重的，依法对直接负责的主管人员和其他直接责任人员给予处分。

第四十六条 网信部门、公安机关、保护工作部门等有关部门、网络安全服务机构及其工作人员将在关键信息基础设施安全保护工作中获取的信息用于其他用途，或者泄露、出售、非法向他人提供的，依法对直接负责的主管人员和其他直接责任人员给予处分。

第四十七条 关键信息基础设施发生重大和特别重大网络安全事件，经调查确定为责任事故的，除应当查明运营者责任并依法予以追究外，还应查明相关网络安全服务机构及有关部门的责任，对有失职、渎职及其他违法行为的，依法追究责任。

第四十八条 电子政务关键信息基础设施的运营者不履行本条例规定的网络安全保护义务的，依照《中华人民共和国网络安全法》有关规定予以处理。

（二）民事责任和刑事责任

第四十九条 违反本条例规定，给他人造成损害的，依法承担民事责任。

违反本条例规定，构成违反治安管理行为的，依法给予治安管理处罚；构成犯罪的，依法追究刑事责任。

六、附则

第五十条 存储、处理涉及国家秘密信息的关键信息基础设施的安全保护，还应当遵守保密法律、行政法规的规定。

关键信息基础设施中的密码使用和管理，还应当遵守相关法律、行政法规的规定。

第五十一条 本条例自 2021 年 9 月 1 日起施行。

习　题

1.什么是关键信息基础设施？

2.《关键信息基础设施安全保护条例》中各部门的责任是什么？

3. 如何认定关键信息基础设施？

4.《关键信息基础设施安全保护条例》对网络产品和服务采购如何规定？

5.《关键信息基础设施安全保护条例》对网络安全事件应急预案的要求是什么？

第八章
我国的网络安全标准

第一节   等级保护系列标准

一、《计算机信息系统安全保护等级划分准则》（GB 17859—1999）

（一）安全保护能力的五个等级及适用范围

GB 17859—1999 规定了计算机系统安全保护能力的五个等级，即：

第一级：用户自主保护级。

第二级：系统审计保护级。

第三级：安全标记保护级。

第四级：结构化保护级。

第五级：访问验证保护级。

本标准适用于计算机信息系统安全保护技术能力等级的划分。计算机信息系统安全保护能力随着安全保护等级的增高逐渐增强。

（二）对所涉及术语的定义

1. 计算机信息系统（computer information system）

计算机信息系统是由计算机及其相关的和配套的设备、设施（含网络）构成的，按照一定的应用目标和规则对信息进行采集、加工、存储、传输、检索等处理的人机系统。

2. 计算机信息系统可信计算基（trusted computing base of computer information system）

计算机系统内保护装置的总体，包括硬件、固件、软件和负责执行安全策略的组合体。它建立了一个基体的保护环境并提供一个可信计算系统所要求的附加用户服务。

3. 客体（object）

信息的载体。

4. 主体 （subject）

引起信息在客体之间流动的人、进程或设备等。

5. 敏感标记 （sensitivity label）

表示客体安全级别并描述客体数据敏感性的一组信息，可信计算基中把敏感标记作为强制访问控制决策的依据。

6. 安全策略 （security policy）

有关管理、保护和发布敏感信息的法律、规定和实施细则。

7. 信道 （channel）

系统内的信息传输路径。

8. 隐蔽信道 （covert channel）

允许进程以危害系统安全策略的方式传输信息的通信信道。

9. 访问监控器 （reference monitor）

监控器主体和客体之间授权访问关系的部件。

（三）五个等级的具体划分准则

1. 第一级（用户自主保护级）

本级的计算机信息系统可信计算机通过隔离用户与数据，使用户具备自主安全保护的能力。它具有多种形式的控制能力，对用户实施访问控制，即为用户提供可行的手段，保护用户和用户组信息，避免其他用户对数据的非法读写与破坏。

（1）自主访问控制

计算机信息系统可信计算机定义和控制系统中命名用户对命名客体的访问。实施机制（例如：访问控制表）允许命名用户以用户和（或）用户组的身份规定并控制客体的共享；阻止非授权用户读取敏感信息。

（2）身份鉴别

计算机信息系统可信计算机初始执行时，首先要求用户标识自己的身份，并使用保护机制（例如：口令）来鉴别用户的身份，阻止非授权用户访问用户身份鉴别数据。

（3）数据完整性

计算机信息系统可信计算机通过自主完整性策略，阻止非授权用户修改或破坏敏感信息。

2. 第二级（系统审计保护级）

与用户自主保护级相比，本级的计算机信息系统可信计算机实施了粒度更细的自主访问控制，它通过登录规程、审计安全性相关事件和隔离资源，使用户对自己的行为负责。

（1）自主访问控制

计算机信息系统可信计算机定义和控制系统中命名用户对命名客体的访问。实施机制（例如：访问控制表）允许命名用户以用户和（或）用户组的身份规定并控制客体的共享；阻止非授权用户读取敏感信息。并控制访问权限扩散。自主访问控制机制根据用户指定方式或默认方式，阻止非授权用户访问客体。访问控制的粒度是单个用户。没有存取权的用户只允许由授权用户指定对客体的访问权。

（2）身份鉴别

计算机信息系统可信计算机初始执行时，首先要求用户标识自己的身份，并使用保护机制（例如：口令）来鉴别用户的身份；阻止非授权用户访问用户身份鉴别数据。通过为用户提供唯一标识、计算机信息系统可信计算机能够使用户对自己的行为负责。计算机信息系统可信计算机还具备将身份标识与该用户所有可审计行为相关联的能力。

（3）客体重用

在计算机信息系统可信计算机的空闲存储客体空间中，对客体初始指定、分配或再分配一个主体之前，撤销该客体所含信息的所有授权。当主体获得对一个已被释放的客体的访问权时，当前主体不能获得原主体活动所产生的任何信息。

（4）审计

计算机信息系统可信计算机能创建和维护受保护客体的访问审计跟踪记录，并能阻止非授权的用户对它访问或破坏。

计算机信息系统可信计算机能记录下述事件：使用身份鉴别机制；将客体引入用户地址空间（例如：打开文件、程序初始化）；删除客体；由操作员、系统管理员或（和）系统安全管理员实施的动作，以及其他与系统安全有关的事件。对于每一事件，其审计记录包括：事件的日期和时间、用户、事件类型、事件是否成功。对于身份鉴别事件，审计记录包含的来源（例如：终端标识符）；对于客体引入用户地址空间的事件及客体删除事件，审计记录包含客体名。

对不能由计算机信息系统可信计算机独立分辨的审计事件，审计机制提供审计记录接口，可由授权主体调用。这些审计记录区别于计算机信息系统可信计算机独立分辨的审计记录。

（5）数据完整性

计算机信息系统可信计算机通过自主完整性策略，阻止非授权用户修改或破坏敏感信息。

3. 第三级（安全标记保护级）

本级的计算机信息系统可信计算机具有系统审计保护级所有功能。此外，还提供有关安全策略模型、数据标记以及主体对客体强制访问控制的非形式化描述；具有准确地标记输出信息的能力；消除通过测试发现的任何错误。

（1）自主访问控制

计算机信息系统可信计算机定义和控制系统中命名用户对命名客体的访问。实施机制（例如：访问控制表）允许命名用户以用户和（或）用户组的身份规定并控制客体的共享；阻止非授权用户读取敏感信息。并控制访问权限扩散。自主访问控制机制根据用户指定方式或默认方式，阻止非授权用户访问客体。访问控制的粒度是单个用户。没有存取权的用户只允许由授权用户指定对客体的访问权。阻止非授权用户读取敏感信息。

（2）强制访问控制

计算机信息系统可信计算机对所有主体及其所控制的客体（例如：进程、文件、段、设备）实施强制访问控制。为这些主体及客体指定敏感标记，这些标记是等级分类和非等级类别的组合，它们是实施强制访问控制的依据。计算机信息系统可信计算机支持两种或两种以上成分组成的安全级。

计算机信息系统可信计算机控制的所有主体对客体的访问应满足：仅当主体安全级中的等级分类高于或等于客体安全级中的等级分类，且主体安全级中的非等级类别包含了客体安全级中的全部非等级类别，主体才能读客体；仅当主体安全级中的等级分类低于或等于客体安全级中的等级分类，且主体安全级中的非等级类别包含了客体安全级中的非等级类别，主体才能写一个客体。计算机信息系统可信计算机使用身份和鉴别数据，鉴别用户的身份，并保证用户创建的计算机信息系统可信计算机外部主体的安全级和授权受该用户的安全级和授权的控制。

（3）标记

计算机信息系统可信计算机应维护与主体及其控制的存储客体（例如：进程、文件、段、设备）相关的敏感标记。这些标记是实施强制访问的基础。为了输入未加安全标记的数据，计算机信息系统可信计算机向授权用户要求并接受这些数据的安全级别，且可由计算机信息系统可信计算机审计。

（4）身份鉴别

计算机信息系统可信计算机初始执行时，首先要求用户标识自己的身份，而且，计算机信息系统可信计算机维护用户身份识别数据并确定用户访问权及授权数据。计算机信息系统可信计算机使用这些数据鉴别用户身份，并使用保护机制（例如：口令）来鉴别用户的身份；阻止非授权用户访问用户身份鉴别数据。通过为用户提供唯一标识，计算机信息系统可信计算机能够使用用户对自己的行为负责。计算机信息系统可信计算机还具备将身份标识与该用户所有可审计行为相关联的能力。

（5）客体重用

在计算机信息系统可信计算机的空闲存储客体空间中，对客体初始指定、分配或再分配一个主体之前，撤销客体所含信息的所有授权。当主体获得对一个已被释放的客体的访问权时，当前主体不能获得原主体活动所产生的任何信息。

（6）审计

计算机信息系统可信计算机能创建和维护受保护客体的访问审计跟踪记录，并能阻止非授权的用户对它访问或破坏。

计算机信息系统可信计算机能记录下述事件：使用身份鉴别机制；将客体引入用户地址空间（例如：打开文件、程序初始化）；删除客体；由操作员、系统管理员或（和）系统安全管理员实施的动作，以及其他与系统安全有关的事件。对于每一事件，其审计记录包括：事件的日期和时间、用户、事件类型、事件是否成功。对于身份鉴别事件，审计记录包含请求的来源（例如：终端标识符）；对于客体引入用户地址空间的事件及客体删除事件，审计记录包含客体名及客体的安全级别。此外，计算机信息系统可信计算机具有审计更改可读输出记号的能力。

对不能由计算机信息系统可信计算机独立分辨的审计事件，审计机制提供审计记录接口，可由授权主体调用。这些审计记录区别于计算机信息系统可信计算机独立分辨的审计记录。

（7）数据完整性

计算机信息系统可信计算机通过自主和强制完整性策略，阻止非授权用户修改或破坏敏感信息。在网络环境中，使用完整性敏感标记来确信信息在传送中未受损。

4. 第四级（结构化保护级）

本级的计算机信息系统可信计算机建立于一个明确定义的形式化安全策略模型之上，它要求将第三级系统中的自主和强制访问控制扩展到所有主体与客体。此外，还要考虑隐蔽通道。本级的计算机信息系统可信计算基必须结构化为关键保护元素和非关键保护元素。计算机信息系统可信计算机的接口也必须明确定义，使其设计与实现能经受更充分的测试和更完整的复审。加强了鉴别机制；支持系统管理员和操作员的职能；提供可信设施管理；增强了配置管理控制。系统具有相当的抗渗透能力。

（1）自主访问控制

计算机信息系统可信计算机定义和控制系统中命名用户对命名客体的访问。实施机制（例如：访问控制表）允许命名用户和（或）以用户组的身份规定并控制客体的共享；阻止非授权用户读取敏感信息并控制访问权限扩散。

自主访问控制机制根据用户指定方式或默认方式，阻止非授权用户访问客体。访问控制的粒度是单个用户。没有存取权的用户只允许由授权用户指定对客体的访问权。

（2）强制访问控制

计算机信息系统可信计算机对外部主体能够直接或间接访问的所有资源（例如：主体、存储客体和输入输出资源）实施强制访问控制。为这些主体及客体指定敏感标记，这些标记是等级分类和非等级类别的组合，它们是实施强制访问控制的依据。计算机信息系统可信计算机支持两种或两种以上成分组成的安全级。计算机信息系统可信计算机外部的所有主体对客体的直接或间接的访问应满足：仅当主体安全级中的等级分类高于或等于客体安全级中的等级分类，且主体安全级中的非等级类别包含了客体安全级中的全部非等级类别，主体才能读客体；仅当主体安全级中的等级分类低于或等于客体安全级中的等级分类，且主体安全级中的非等级类别包含于客体安全级中的非等级类别，主体才能写一个客体。计算机信息系统可信计算机使用身份和鉴别数据，鉴别用户的身份，保护用户创建的计算机信息系统可信计算机外部主体的安全级和授权受该用户的安全级和授权的控制。

（3）标记

计算机信息系统可信计算机维护与可被外部主体直接或间接访问到的计算机信息系统资源（例如：主体、存储客体、只读存储器）相关的敏感标记。这些标记是实施强制访问的基础。为了输入未加安全标记的数据，计算机信息系统可信计算机向授权用户要求并接受这些数据的安全级别，且可由计算机信息系统可信计算机审计。

（4）身份鉴别

计算机信息系统可信计算机初始执行时，首先要求用户标识自己的身份，而且，计算机信息系统可信计算机维护用户身份识别数据并确定用户访问权及授权数据。计算机信息系统可信计算机使用这些数据，鉴别用户身份，并使用保护机制（例如：口令）来鉴别用户的身份；阻止非授权用户访问用户身份鉴别数据。通过为用户提供唯一标识，计算机信息系统可信计算机能够使用户对自己的行为负责。计算机信息系统可信计算机还具备将身份标识与该用户所有可审计行为相关联的能力。

（5）客体重用

在计算机信息系统可信计算机的空闲存储客体空间中，对客体初始指定、分配或再分配一个主体之前，撤销客体所含信息的所有授权。当主体获得对一个已被释放的客体的访问权时，当前主体不能获得原主体活动所产生的任何信息。

（6）审计

计算机信息系统可信计算机能创建和维护受保护客体的访问审计跟踪记录，并能阻止非授权的用户对它访问或破坏。

计算机信息系统可信计算机能记录下述事件：使用身份鉴别机制；将客体引入用户地址空间（例如：打开文件、程序初始化）；删除客体；由操作员、系统管理员或（和）系统安全管理员实施的动作，以及其他与系统安全有关的事件。对于每一事件，其审计记录包括：事件的日期和时间、用户、事件类型、事件是否成功。对于身份鉴别事件，审计记录包含请求的来源（例如：终端标识符）；对于客体引入用户地址空间的事件及客体删除事件，审计记录包含客体及客体的安全级别。此外，计算机信息系统可信计算机具有审计更改可读输出记号的能力。

对不能由计算机信息系统可信计算机独立分辨的审计事件，审计机制提供审计记录接口，可由授权主体调用。这些审计记录区别于计算机信息系统可信计算机独立分辨的审计记录。

计算机信息系统可信计算机能够审计利用隐蔽存储信道时可能被使用的事件。

（7）数据完整性

计算机信息系统可信计算机通过自主和强制完整性策略。阻止非授权用户修改或破坏敏感信息。在网络环境中，使用完整性敏感标记来确信信息在传送中未受损。

（8）隐蔽信道分析

系统开发者应彻底搜索隐蔽存储信道，并根据实际测量或工程估算确定每一个被标识信道的最大带宽。

（9）可信路径

对用户的初始登录和鉴别，计算机信息系统可信计算机在它与用户之间提供可信通信路径。该路径上的通信只能由该用户初始化。

5. 第五级（访问验证保护级）

本级的计算机信息系统可信计算机满足访问监控器需求。访问监控器仲裁主体对客体的全部访问。访问监控器本身是抗篡改的；必须足够小，能够分析和测试。为了满足访问监控器需求，计算机信息系统可信计算机在其构造时，排除那些对实施安全策略来说并非必要的代码；在设计和实现时，从系统工程角度将其复杂性降低到最低程度。支持安全管理员职能；扩充审计机制，当发生与安全相关的事件时发出信号；提供系统恢复机制。系统具有很高的抗渗透能力。

（1）自主访问控制

计算机信息系统可信计算机定义并控制系统中命名用户对命名客体的

访问。实施机制（例如：访问控制表）允许命名用户和（或）以用户组的身份规定并控制客体的共享；阻止非授权用户读取敏感信息。并控制访问权限扩散。

自主访问控制机制根据用户指定方式或默认方式，阻止非授权用户访问客体。访问控制的粒度是单个用户。访问控制能够为每个命名客体指定命名用户和用户组，并规定他们对客体的访问模式。没有存取权的用户只允许由授权用户指定对客体的访问权。

（2）强制访问控制

计算机信息系统可信计算机对外部主体能够直接或间接访问的所有资源（例如：主体、存储客体和输入输出资源）实施强制访问控制。为这些主体及客体指定敏感标记，这些标记是等级分类和非等级类别的组合，它们是实施强制访问控制的依据。计算机信息系统可信计算机支持两种或两种以上成分组成的安全级。计算机信息系统可信计算机外部的所有主体对客体的直接或间接的访问应满足：仅当主体安全级中的等级分类高于或等于客体安全级中的等级分类，且主体安全级中的非等级类别包含了客体安全级中的全部非等级类别，主体才能读客体；仅当主体安全级中的等级分类低于或等于客体安全级中的等级分类，且主体安全级中的非等级类别包含了客体安全级中的非等级类别，主体才能写一个客体。计算机信息系统可信计算机使用身份和鉴别数据，鉴别用户的身份，保证用户创建的计算机信息系统可信计算机外部主体的安全级和授权受该用户的安全级和授权的控制。

（3）标记

计算机信息系统可信计算机维护与可被外部主体直接或间接访问到计算机信息系统资源（例如：主体、存储客体、只读存储器）相关的敏感标记。这些标记是实施强制访问的基础。为了输入未加安全标记的数据，计算机信息系统可信计算机向授权用户要求并接受这些数据的安全级别，且可由计算机信息系统可信计算机审计。

（4）身份鉴别

计算机信息系统可信计算机初始执行时，首先要求用户标识自己的身份，而且，计算机信息系统可信计算机维护用户身份识别数据并确定用户访问权及授权数据。计算机信息系统可信计算机使用这些数据，鉴别用户身份，并使用保护机制（例如：口令）来鉴别用户的身份；阻止非授权用户访问用户身份鉴别数据。通过为用户提供唯一标识，计算机信息系统可信计算机能够使用户对自己的行为负责。计算机信息系统可信计算机还具备将身份标识与该用户所有可审计行为相关联的能力。

（5）客体重用

在计算机信息系统可信计算机的空闲存储客体空间中，对客体初始指定、分配或再分配 一个主体之前，撤销客体所含信息的所有授权。当主体获得对一个已被释放的客体的访问权时，当前主体不能获得原主体活动所产生的任何信息。

（6）审计

计算机信息系统可信计算机能创建和维护受保护客体的访问审计跟踪记录，并能阻止非授权的用户对它访问或破坏。

计算机信息系统可信计算机能记录下述事件：使用身份鉴别机制；将客体引入用户地址空间（例如：打开文件、程序初始化）；删除客体；由操作员、系统管理员或（和）系统安全管理员实施的动作，以及其他与系统安全有关的事件。对于每一事件，其审计记录包括：事件的日期和时间、用户、事件类型、事件是否成功。对于身份鉴别事件，审计记录包含请求的来源（例如：终端标识符）；对于客体引入用户地址空间的事件及客体删除事件，审计记录包含客体名及客体的安全级别。此外，计算机信息系统可信计算机具有审计更改可读输出记号的能力。

对不能由计算机信息系统可信计算机独立分辨的审计事件，审计机制提供审计记录接口，可由授权主体调用。这些审计记录区别于计算机信息系统可信计算机独立分辨的审计记录。计算机信息系统可信计算机能够审计利用隐蔽存储信道时可能被使用的事件。计算机信息系统可信计算机包含能够监控可审计安全事件发生与积累的机制，当超过阈值时，能够立即向安全管理员发出报警。并且，如果这些与安全相关的事件继续发生或积累，系统应以最小的代价中止它们。

（7）数据完整性

计算机信息系统可信计算机通过自主和强制完整性策略，阻止非授权用户修改或破坏敏感信息。在网络环境中，使用完整性敏感标记来确信信息在传送中未受损。

（8）隐蔽信道分析

系统开发者应彻底搜索隐蔽信道，并根据实际测量或工程估算确定每一个被标识信道的最大带宽。

（9）可信路径

当连接用户时（例如：注册、更改主体安全级），计算机信息系统可信计算机提供它与用户之间的可信通信路径。可信路径上的通信只能由该用户或计算机信息系统可信计算机激活，且在逻辑上与其他路径上的通信相隔离，且能正确地加以区分。

（10）可信恢复

计算机信息系统可信计算机提供过程和机制，保证计算机信息系统失效或中断后，可以进行不损害任何安全保护性能的恢复。

（四）五个等级保护能力的比较

综上所述，不同等级的计算机信息系统具有不同的安全保护能力，从一级到五级，随着安全保护等级的逐步增高，保护能力也逐步增强。表8-1描述了五个等级保护能力的综合比较情况。

表 8-1　五个等级保护能力的综合比较

编号	保护能力项目	第一级	第二级	第三级	第四级	第五级
1	自主访问控制	√	√	√	√	√
2	强制访问控制			√	√	√
3	标记			√	√	√
4	身份鉴别	√	√	√	√	√
5	客体重用			√	√	√
6	审计		√	√	√	√
7	数据完整性	√	√	√	√	√
8	隐蔽信道分析				√	√
9	可信路径				√	√
10	可信恢复					√

二、《信息安全保护技术　网络安全等级保护定级指南》（GB/T 22240—2020）

（一）标准的适用范围

本标准给出了非涉及国家秘密的等级保护对象的安全保护等级定级方法和定级流程；适用于指导网络运营者开展非涉及国家秘密的等级保护对象的定级工作。

（二）术语和定义

GB 17859—1999、GB/T 22239—2019、GB/T25069、GB/T29246—2017、GB/T31167—2014、GB/T32919—2016 和 GB/T35295—2017 界定的以及下列术语和定义适用于本标准。

1. 网络安全（cybersecurity）

通过采取必要措施，防范对网络的攻击、侵入、干扰、破坏和非法使用以及意外事故,使网络处于稳定可靠运行的状态,以及保障网络数据的完整性,保密性、可用性的能力。(GB/T 22239—2019,定义 3.1)

2. 等级保护对象(target of classified protection)

网络安全等级保护工作直接作用的对象。

注:主要包括信息系统,通信网络设施和数据资源等。

3. 信息系统(information system)

应用、服务、信息技术资产或其他信息,处理组件。(GB/T 29246—2017,定义 2.39)

注 1:信息系统通常由计算机或者其他信息终端及相关设备组成,并按照一定的应用目标和规则进行信息处理或过程控制。

注 2:典型的信息系统如办公自动化系统、云计算平台 / 系统、物联网、工业控制系统以及采用移动互联技术的系统等。

4. 通信网络设施(network infrastructure)

为信息流通、网络运行等起基础支撑作用的网络设备设施。

注:主要包括电信网、广播电视传输网和行业或单位的专用通信网等。

5. 数据资源(data resources)

具有或预期具有价值的数据集合。

注:数据资源多以电子形式存在。

6. 受侵害的客体(object of infringement)

受法律保护的、等级保护对象受到破坏时所侵害的社会关系。

注,本标准中简称"客体"。

7. 客观方面（objective）

对客体造成侵害的客观外在表现，包括侵害方式和侵害结果等。

（三）定级原理及流程

1. 安全保护等级

根据等级保护对象在国家安全、经济建设、社会生活中的重要程度，以及一旦遭到破坏、丧失功能或者数据被篡改、泄露、丢失，损毁后，对国家安全、社会秩序、公共利益以及公民、法人和其他组织的合法权益的侵害程度等因素，等级保护对象的安全保护等级分为以下五级：

第一级，等级保护对象受到破坏后，会对相关公民、法人和其他组织的合法权益造成一般损害，但不危害国家安全，社会秩序和公共利益。

第二级，等级保护对象受到破坏后，会对相关公民、法人和其他组织的合法权益造成严重损害或特别严重损害，或者对社会秩序和公共利益造成危害，但不危害国家安全。

第三级，等级保护对象受到破坏后，会对社会秩序和公共利益造成严重危害，或者对国家安全造成危害。

第四级，等级保护对象受到破坏后，会对社会秩序和公共利益造成特别严重危害，或者对国家安全造成严重危害。

第五级，等级保护对象受到破坏后，会对国家安全造成特别严重危害。

2. 定级要素

（1）定级要素概述

等级保护对象的定级要素包括：

①受侵害的客体。

②对客体的侵害程度。

（2）受侵害的客体

等级保护对象受到破坏时所侵害的客体包括以下三个方面：

①公民、法人和其他组织的合法权益。

②社会秩序、公共利益。

③国家安全。

（3）对客体的侵害程度

对客体的侵害程度由客观方面的不同外在表现综合决定。由于对客体的侵害是通过对等级保护对象的破坏实现的，因此对客体的侵害外在表现为对等级保护对象的破坏，通过侵害方式、侵害后果和侵害程度加以描述。

等级保护对象受到破坏后对客体造成侵害的程度归结为以下三种：

①造成一般损害。

②造成严重损害。

③造成特别严重损害。

3. 定级要素与安全保护等级的关系

定级要素与安全保护等级的关系如表 8-2 所示。

表 8-2　定级要素与安全保护等级的关系

受侵害的客体	对客体的侵害程度		
	一般损害	严重损害	特别严重损害
公民、法人和其他组织的合法权益	第一级	第二级	第二级
社会秩序、公共利益	第二级	第三级	第四级
国家安全	第三级	第四级	第五级

4.定级流程

等级保护对象定级工作的一般流程如图 8-1 所示。

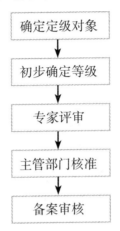

确定定级对象

↓

初步确定等级

↓

专家评审

↓

主管部门核准

↓

备案审核

图 8-1 等级保护对象定级工作一般流程

安全保护等级初步确定为第二级及以上的等级保护对象,其网络运营者依据本标准组织进行专家评审、主管部门核准和备案审核,最终确定其安全保护等级。

注:安全保护等级初步确定为第一级的等级保护对象,其网络运营者可依据本标准自行确定最终安全保护等级,可不进行专家评审、主管部门核准和备案审核。

(四)确定定级对象

1.信息系统

(1)定级对象的基本特征

作为定级对象的信息系统应具有如下基本特征:

①具有确定的主要安全责任主体。

②承载相对独立的业务应用。

③包含相互关联的多个资源。

注1：主要安全责任主体包括但不限于企业、机关和事业单位等法人，以及不具备法人资格的社会团体等其他组织。

注2：避免将某个单一的系统组件，如服务器、终端或网络设备作为定级对象。

在确定定级对象时，云计算平台（系统）、物联网、工业控制系统以及采用移动互联技术的系统在满足以上基本特征的基础上，还需分别遵循下面（2）（3）（4）（5）的相关要求。

（2）云计算平台（系统）

在云计算环境中，云服务客户侧的等级保护对象和云服务商侧的云计算平台（系统）需分别作为单独的定级对象定级，并根据不同服务模式将云计算平台（系统）划分为不同的定级对象。

对于大型云计算平台，宜将云计算基础设施和有关辅助服务系统划分为不同的定级对象。

（3）物联网

物联网主要包括感知、网络传输和处理应用等特征要素，需将以上要素作为一个整体对象定级，各要素不单独定级。

（4）工业控制系统

工业控制系统主要包括现场采集（执行）、现场控制、过程控制和生产管理等特征要素。其中，现场采集（执行）、现场控制和过程控制等要素需作为一个整体对象定级，各要素不单独定级；生产管理要素宜单独定级。

对于大型工业控制系统，可根据系统功能、责任主体、控制对象和生产厂商等因素划分为多个定级对象。

（5）采用移动互联技术的系统

采用移动互联技术的系统主要包括移动终端、移动应用和无线网络等特征要素，可作为一个整体独立定级或与相关联业务系统一起定级，各要素不单独定级。

2. 通信网络设施

对于电信网、广播电视传输网等通信网络设施，宜根据安全责任主体、服务类型或服务地域等因素将其划分为不同的定级对象。

跨省的行业或单位的专用通信网可作为一个整体对象定级，或分区域划分为若干个定级对象。

3. 数据资源

数据资源可独立定级。

当安全责任主体相同时，大数据、大数据平台（系统）宜作为一个整体对象定级；当安全责任主体不同时，大数据应独立定级。

（五）确定安全保护等级

1. 定级方法概述

定级对象的定级方法按照以下描述进行。

定级对象的安全主要包括业务信息安全和系统服务安全，与之相关的受侵害客体和对客体的侵害程度可能不同，因此，安全保护等级由业务信息安全和系统服务安全两方面确定。从业务信息安全角度反映的定级对象安全保护等级称为业务信息安全保护等级；从系统服务安全角度反映的定级对象安全保护等级称为系统服务安全保护等级。

定级方法流程示意图如图 8-2 所示。

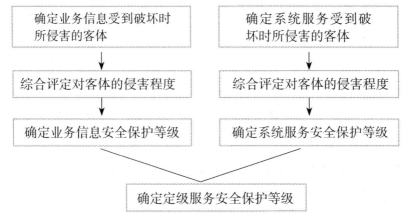

图 8-2　定级方法流程示意图

具体流程如下：

（1）确定受到破坏时所侵害的客体

①确定业务信息受到破坏时所侵害的客体。

②确定系统服务受到侵害时所侵害的客体。

（2）确定对客体的侵害程度

①根据不同的受侵害客体，分别评定业务信息安全被破坏对客体的侵害程度。

②根据不同的受侵害客体，分别评定系统服务安全被破坏对客体的侵害程度。

（3）确定安全保护等级

①确定业务信息安全保护等级。

②确定系统服务安全保护等级。

③将业务信息安全保护等级和系统服务安全保护等级的较高者确定为定级对象的安全保护等级。

2. 确定受侵害的客体

定级对象受到破坏时所侵害的客体包括国家安全、社会秩序、公众利益以及公民、法人和其他组织的合法权益。

侵害国家安全的事项包括以下方面：

◎影响国家政权稳固和领土主权、海洋权益完整。

◎影响国家统一、民族团结和社会稳定。

◎影响国家社会主义市场经济秩序和文化实力。

◎其他影响国家安全的事项。

侵害社会秩序的事项包括以下方面：

◎影响国家机关、企事业单位、社会团体的生产秩序、经营秩序、教学科研秩序、医疗卫生秩序。

◎影响公共场所的活动秩序、公共交通秩序。

◎影响人民群众的生活秩序。

◎其他影响社会秩序的事项。

侵害公共利益的事项包括以下方面：

◎影响社会成员使用公共设施。

◎影响社会成员获取公开数据资源。

◎影响社会成员接受公共服务等方面。

◎其他影响公共利益的事项。

侵害公民、法人和其他组织的合法权益是指受法律保护的公民、法人和其他组织所享有的社会权利和利益等受到损害。

确定受侵害的客体时，首先判断是否侵害国家安全，然后判断是否侵害社会秩序或公众利益，最后判断是否侵害公民、法人和其他组织的合法权益。

3. 确定对客体的侵害程度

（1）侵害的客观方面

在客观方面，对客体的侵害外在表现为对定级对象的破坏，其侵害方式表现为对业务信息安全的破坏和对系统服务安全的破坏。其中，业务信息安全是指确保定级对象中信息的保密性、完整性和可用性等，系统服务安全是指确保定级对象可以及时、有效地提供服务，以完成预定的业务目标。由于业务信息安全和系统服务安全受到破坏所侵害的客体和对客体的侵害程度可能会有所不同，在定级过程中，需要分别处理这两种侵害方式。

业务信息安全和系统服务安全受到破坏后，可能产生以下侵害后果：

◎影响行使工作职能。

◎导致业务能力下降。

◎引起法律纠纷。

◎导致财产损失。

◎造成社会不良影响。

◎对其他组织和个人造成损失。

◎其他影响。

（2）综合判定侵害程度

侵害程度是客观方面的不同外在表现的综合体现，因此，首先根据不同的受侵害客体、不同侵害后果分别确定其侵害程度。对不同侵害后果确定其侵害程度所采取的方法和所考虑的角度可能不同。例如，系统服务安全被破坏导致业务能力下降的程度可以从定级对象服务覆盖的区域范围、用户人数或业务量等不同方面确定，业务信息安全被破坏导致的财物损失可以从直接的资金损失大小、间接的信息恢复费用等方面进行确定。

在针对不同的受侵害客体进行侵害程度的判断时，参照以下不同的判别基准：

◎如果受侵害客体是公民、法人或其他组织的合法权益，则以本人或本单位的总体利益作为判断侵害程度的基准。

◎如果受侵害客体是社会秩序、公共利益或国家安全，则以整个行业或国家的总体利益作为判断侵害程度的基准。

不同侵害后果的三种侵害程度描述如下：

◎一般损害：工作职能受到局部影响，业务能力有所降低但不影响主要功能的执行，出现较轻的法律问题、较低的财产损失、有限的社会不良影响，对其他组织和个人造成较低损害。

◎严重损害：工作职能受到严重影响，业务能力显著下降且严重影响主要功能执行，出现较严重的法律问题、较高的财产损失、较大范围的社会不良影响，对其他组织和个人造成较高损害。

◎特别严重损害：工作职能受到特别严重影响或丧失行使能力，业务能力严重下降且或功能无法执行，出现极其严重的法律问题、极高的财产损失、大范围的社会不良影响，对其他组织和个人造成非常高损害。

对客体的侵害程度由对不同侵害结果的侵害程度进行综合评定得出。由于各行业定级对象所处理的信息种类和系统服务特点各不相同，业务信息安全和系统服务安全受到破坏后关注的侵害结果、侵害程度的计算方式均可能不同，各行业可根据本行业业务信息和系统服务特点制定侵害程度的综合评定方法，并给出一般损害、严重损害、特别严重损害的具体定义。

（3）初步确定等级

根据业务信息安全被破坏时所侵害的客体以及对相应客体的侵害程度，依据表8-3可得到业务信息安全保护等级。

表8-3 业务信息安全保护等级矩阵表

业务信息安全 被破坏时所侵害的客体	对相应客体的侵害程度		
	一般损害	严重损害	特别严重损害
公民、法人和其他组织的合法权益	第一级	第二级	第二级
社会秩序、公共利益	第二级	第三级	第四级
国家安全	第三级	第四级	第五级

根据系统服务安全被破坏时所侵害的客体以及对相应客体的侵害程度，依据表8-4可得到系统服务安全保护等级。

表8-4 系统服务安全保护等级矩阵表

系统服务安全被破坏时所侵害的客体	对相应客体的侵害程度		
	一般损害	严重损害	特别严重损害
公民、法人和其他组织的合法权益	第一级	第二级	第二级
社会秩序、公共利益	第二级	第三级	第四级
国家安全	第三级	第四级	第五级

定级对象的初步安全保护等级由业务信息安全保护等级和系统服务安全保护等级的较高者决定。

（六）确定安全保护等级

安全保护等级初步确定为第二级及以上的，定级对象的网络运营者需组织信息安全专家和业务专家对定级结果的合理性进行评审，并出具专家评审意见。有行业主管（监管）部门的，还需将定级结果报请行业主管（监管）部门核准，并出具核准意见。最后，定级对象的网络运营者按照相关管理规定，将定级结果提交公安机关进行备案审核。审核不通过，其网络运营者需组织重新定级；审核通过后最终确定定级对象的安全保护等级。

对于通信网络设施、云计算平台（系统）等定级对象，需根据其承载或将要承载的等级保护对象的重要程度确定其安全保护等级，原则上不低于其承载的等级保护对象的安全保护等级。

对于数据资源，综合考虑其规模、价值等因素，及其遭到破坏后对国家安全、社会秩序、公共利益以及公民、法人和其他组织的合法权益的侵害程度确定其安全保护等级。涉及大量公民个人信息以及为公民提供公共服务的大数据平台（系统），原则上其安全保护等级不低于第三级。

（七）等级变更

当等级保护对象所处理的业务信息和系统服务范围发生变化，可能导致业务信息安全或系统服务安全受到破坏后的受侵害客体和对客体的侵害程度发生变化时，需根据本标准重新确定定级对象和安全保护等级。

（八）定级报告模板

一、XXX 信息系统描述

简述确定该系统为定级对象的理由。

从三方面进行说明：一是描述承担信息系统安全责任的相关单位或部门，说明本单位或部门对信息系统具有信息安全保护责任，该信息系统为本单位或部门的定级对象；

二是该定级对象是否具有信息系统的基本要素，描述系统网络结构、系统边界和边界设备、服务器、数据库、系统架构等；

三是该定级对象简述，功能模块。服务范围，服务对象。

二、XXX 网络安全保护等级确定（定级方法参见国家标准《信息安全技术 网络安全等级保护定级指南》）

（一）业务信息安全保护等级的确定

1. 业务信息描述

描述信息系统处理的主要业务信息等。

2. 业务信息受到破坏时所侵害客体的确定

说明信息受到破坏时侵害的客体是什么，即对三个客体（国家安全；社会秩序和公众利益；公民、法人和其他组织的合法权益）中的哪些客体造成侵害。

3. 信息受到破坏后对被侵害客体的侵害程度的确定

说明信息受到破坏后，会对被侵害客体造成什么程度的侵害，即说明是一般损害、严重损害还是特别严重损害。

4. 业务信息安全等级的确定

根据业务信息安全被破坏时所侵害的客体以及对相应客体的侵害程度，依据《信息安全技术 网络安全等级保护定级指南》，查"业务信息安全保护等级矩阵表"，确定该系统业务信息安全保护等级为第三级。

业务信息安全被破坏时 所侵害的客体	对相应客体的侵害程度		
	一般损害	严重损害	特别严重损害
公民、法人和其他组织的合法权益	第一级	第二级	第二级
社会秩序、公共利益	第二级	第三级	第四级
国家安全	第三级	第四级	第五级

（二）系统服务安全保护等级的确定

1. 系统服务描述

描述信息系统的服务范围、服务对象等。

2.系统服务受到破坏时所侵害客体的确定

说明系统服务受到破坏时侵害的客体是什么,即对三个客体(国家安全;社会秩序和公众利益;公民、法人和其他组织的合法权益)中的哪些客体造成侵害。

3.系统服务受到破坏后对被侵害客体的侵害程度的确定

说明系统服务受到破坏后,会对被侵害客体造成什么程度的侵害,即说明是一般损害、严重损害还是特别严重损害。

4.系统服务安全等级的确定

根据系统服务安全被破坏时所侵害的客体以及对相应客体的侵害程度,依据《信息安全技术 网络安全等级保护定级指南》,查"系统服务安全保护等级矩阵表",确定该系统的系统服务安全保护等级为第三级。

系统服务安全被破坏时所侵害的客体	对相应客体的侵害程度		
	一般损害	严重损害	特别严重损害
公民、法人和其他组织的合法权益	第一级	第二级	第二级
社会秩序、公共利益	第二级	第三级	第四级
国家安全	第三级	第四级	第五级

(三)安全保护等级的确定

定级对象的初步安全保护等级由业务信息安全保护等级和系统服务安全保护等级的较高者决定,最终确定XXX系统安全保护等级为第X级。

信息系统名称	安全保护等级	业务信息安全等级	系统服务安全等级
XXX信息系统	第X级	第X级	第X级

三、《信息安全技术 网络安全等级保护基本要求》（GB/T 22239—2019）

（一）标准的适用范围

本标准规定了网络安全等级保护的第一级到第四级等级保护对象的安全通用要求和安全扩展要求。

本标准适用于指导分等级的非涉密对象的安全建设和监督管理。

注：第五级等级保护对象是非常重要的监督管理对象，对其有特殊的管理模式和安全要求，所以不在本标准中进行描述。

（二）术语和定义

GB 17859、GB/T 22240、GB/T 25069、GB/T 31167—2014、GB/T 31168—2014 和 GB/T 32919—2016 界定的以及下列术语和定义适用于本文件。为了便于使用，以下重复列出了 GB/T31167—2014、GB/T 31168—2014 和 GB/T 32919—2016 中的一些术语和定义。

1. 网络安全（cybersecurity）

通过采取必要措施，防范对网络的攻击，侵入、干扰、破坏和非法使用以及意外事故，使网络处于稳定可靠运行的状态，以及保障网络数据的完整性、保密性、可用性的能力。

2. 安全保护能力（security protection ability）

能够抵御威胁、发现安全事件以及在遭到损害后能够恢复先前状态等的程度。

3. 云计算（cloud computing）

通过网络访问可扩展的、灵活的物理或虚拟共享资源池，并按需自助获取和管理资源的模式。

注：资源实例包括服务器、操作系统、网络、软件、应用和存储设备等。（GB/T 31167—2014，定义3.1）

4 云服务商（cloud service provider）云计算服务的供应方。

云服务商管理、运营、支撑云计算的计算基础设施及软件，通过网络交付云计算的资源。（GB/T 31167—2014，定义3.3）

5. 云服务客户（cloud service customer）

为使用云计算服务同云服务商建立业务关系的参与方。（GB/T 31168—2014，定义3.4）

6. 云计算平台 / 系统（cloud computing platform/system）

云服务商提供的云计算基础设施及其上的服务软件的集合。

7. 虚拟机监视器（hypervisor）

运行在基础物理服务器和操作系统之间的中间软件层，可允许多个操作系统和应用共享硬件。

8. 宿主机（host machine）

运行虚拟机监视器的物理服务器。

9. 移动互联（mobile communication）

采用无线通信技术将移动终端接入有线网络的过程。

10. 移动终端（mobile device）

在移动业务中使用的终端设备，包括智能手机平板电脑、个人电脑等通用终端和专用终端设备。

11. 无线接入设备（wireless access device）

采用无线通信技术将移动终端接入有线网络的通信设备。

12. 无线接入网关（wireless access gateway）

部署在无线网络与有线网络之间，对有线网络进行安全防护的设备

13. 移动应用软件（mobile application）

针对移动终端开发的应用软件。

14. 移动终端管理系统（mobile device management system）

用于进行移动终端设备管理，应用管理和内容管理的专用软件，包括客户端软件和服务端软件。

15. 物联网（internet of things）

将感知节点设备通过互联网等网络连接起来构成的系统。

16. 感知节点设备（sensor node）

对物或环境进行信息采集和(或)执行操作，并能联网进行通信的装置。

17. 感知网关节点设备（sensor layer gateway）

将感知节点所采集的数据进行汇总、适当处理或数据融合，并进行转发的装置。

18. 工业控制系统（industrial control system，ICS）

工业控制系统是一个通用术语，它包括多种工业生产中使用的控制系统，包括监控和数据采集系统 (SCADA)、分布式控制系统 (DCS) 和其他较小的控制系统，如可编程逻辑控制器 (PLC)，现已广泛应用在工业部门和关键基础设施中。(GB/T 32919—2016，定义 3.1)

（三）网络安全等级保护概述

1. 等级保护对象

等级保护对象是指网络安全等级保护工作中的对象，通常是指由计算机或者其他信息终端及相关设备组成的按照一定的规则和程序对信息进行收集、存储、传输、交换、处理的系统，主要包括基础信息网络、云计算平台（系统）、大数据应用（平台、资源）、物联网 (IoT)、工业控制系统和采用移动互联技术的系统等。等级保护对象根据其在国家安全、经济建设、社会生活中的重要程度，遭到破坏后对国家安全、社会秩序、公共利益以及公民、法人和其他组织的合法权益的危害程度等，由低到高被划分为五个安全保护等级。

保护对象的安全保护等级确定方法见 GB/T 22240。

2. 不同级别的安全保护能力

不同级别的等级保护对象应具备的基本安全保护能力如下：

第一级安全保护能力：应能够防护免受来自个人的、拥有很少资源的威胁源发起的恶意攻击，一般的自然灾难，以及其他相当危害程度的威胁所造成的关键资源损害，在自身遭到损害后，能够恢复部分功能。

第二级安全保护能力：应能够防护免受来自外部小型组织的、拥有少量资源的威胁源发起的恶意攻击，一般的自然灾难，以及其他相当危害程度的威胁所造成的重要资源损害，能够发现重要的安全漏洞和处置安全事件，在自身遭到损害后，能够在一段时间内恢复部分功能。

第三级安全保护能力应能够在统一安全策略下防护免受来自外部有组织的团体、拥有较为丰富资源的威胁源发起的恶意攻击，较为严重的自然灾难，以及其他相当危害程度的威胁所造成的主要资源损害，能够及时发现、监测攻击行为和处置安全事件，在自身遭到损害后，能够较快恢复绝大部分功能。

第四级安全保护能力：应能够在统一安全策略下防护免受来自国家级别的、敌对组织的、拥有丰富资源的威胁源发起的恶意攻击，严重的自然灾难，以及其他相当危害程度的威胁所造成的资源损害，能够及时发现、监测发现攻击行为和安全事件，在自身遭到损害后，能够迅速恢复所有功能。

第五级安全保护能力：略。

3. 安全通用要求和安全扩展要求

由于业务目标的不同、使用技术的不同、应用场景的不同等因素，不同的等级保护对象会以不同的形态出现，表现形式可能称之为基础信息网络、信息系统（包含采用移动互联等技术的系统）、云计算平台（系统）、大数据平台（系统）、物联网、工业控制系统等。形态不同的等级保护对象面临的威胁有所不同，安全保护需求也会有所差异。为了便于实现对不同级别的和不同形态的等级保护对象的共性化和个性化保护，等级保护要求分为安全通用要求和安全扩展要求。

安全通用要求针对共性化保护需求提出，等级保护对象无论以何种形式出现，应根据安全保护等级实现相应级别的安全通用要求；安全扩展要求针对个性化保护需求提出，需要根据安全保护等级和使用的特定技术或特定的应用场景选择性实现安全扩展要求。安全通用要求和安全扩展要求共同构成了对等级保护对象的安全要求。安全要求的选择见附录 A，整体安全保护能力的要求见附录 B 和附录 C。

本标准针对云计算移动互联、物联网、工业控制系统提出了安全扩展要求。云计算应用场景参见附录 D，移动互联应用场景参见附录 E，物联网应用场景参见附录 F，工业控制系统应用场景参见附录 G，大数据应用场景参见附录 H。对于采用其他特殊技术或处于特殊应用场景的等级保护对象，应在安全风险评估的基础上，针对安全风险采取特殊的安全措施作为补充。

（四）安全通用要求的内容

1. 安全通用要求基本分类

GB/T 22239—2019 规定了第一级到第五级等级保护对象的安全要求，每个级别的安全要求均由安全通用要求和安全扩展要求构成。例如，GB/T 22239—2019 提出的第三级安全要求基本结构为：

8 第三级安全要求

8.1 安全通用要求

8.2 云计算安全扩展要求

8.3 移动互联安全扩展要求

8.4 物联网安全扩展要求

8.5 工业控制系统安全扩展要求

安全通用要求细分为技术要求和管理要求。其中技术要求包括"安全物理环境""安全通信网络""安全区域边界""安全计算环境"和"安全管理中心";管理要求包括"安全管理制度""安全管理机构""安全管理人员""安全建设管理"和"安全运维管理"。两者合计 10 大类

2. 技术要求

技术要求分类体现了从外部到内部的纵深防御思想。对等级保护对象的安全防护应考虑从通信网络到区域边界再到计算环境的从外到内的整体防护,同时考虑对其所处的物理环境的安全防护。对级别较高的等级保护对象还需要考虑对分布在整个系统中的安全功能或安全组件的集中技术管理手段。

(1)安全物理环境

安全通用要求中的安全物理环境部分是针对物理机房提出的安全控制要求。主要对象为物理环境、物理设备和物理设施等;涉及的安全控制点包括物理位置的选择、物理访问控制、防盗窃和防破坏、防雷击、防火、防水和防潮、防静电、温湿度控制、电力供应和电磁防护。

表 8-5 给出了安全物理环境控制点(要求项)的逐级变化。其中数字表示每个控制点下各个级别的要求项数量,级别越高,要求项越多。后续表中的数字均为此含义。

表 8-5　安全物理环境控制点(要求项)的逐级变化

序号	控制点	一级	二级	三级	四级
1	物理位置的选择	0	2	2	2
2	物理访问控制	1	1	1	2
3	防盗窃和防破坏	1	2	3	3
4	防雷击	1	1	2	2
5	防火	1	2	3	3
6	防火防潮	1	2	3	3

序号	控制点	一级	二级	三级	四级
7	防静电	0	1	2	2
8	温湿度控制	1	1	1	1
9	电力供应	1	2	3	4
10	电磁防护	0	1	2	2

　　承载高级别系统的机房相对承载低级别系统的机房强化了物理访问控制、电力供应和电磁防护等方面的要求。例如，四级相比三级增设了"重要区域应配置第二道电子门禁系统""应提供应急供电设施""应对关键区域实施电磁屏蔽"等要求。

　　（2）安全通信网络

　　安全通用要求中的安全通信网络部分是针对通信网络提出的安全控制要求。主要对象为广域网、城域网和局域网等；涉及的安全控制点包括网络架构、通信传输和可信验证。

表 8-6　安全通信网络控制点（要求项）的逐级变化

序号	控制点	一级	二级	三级	四级
1	网络构架	0	2	5	6
2	通信传输	1	1	2	4
3	可信验证	1	1	1	1

　　高级别系统的通信网络相对低级别系统的通信网络强化了优先带宽分配、设备接入认证、通信设备认证等方面的要求。例如，四级相比三级增设了"应可按照业务服务的重要程度分配带宽，优先保障重要业务""应采用可信验证机制对接入网络中的设备进行可信验证，保证接入网络的设备真实可信""应在通信前基于密码技术对通信双方进行验证或认证"等要求。

　　（3）安全区域边界

　　安全通用要求中的安全区域边界部分是针对网络边界提出的安全控制

要求。主要对象为系统边界和区域边界等；涉及的安全控制点包括边界防护、访问控制、入侵防范、恶意代码防范、安全审计和可信验证。

表 8-7 安全区域边界控制点（要求项）的逐级变化

序号	控制点	一级	二级	三级	四级
1	边界防护	1	1	4	6
2	访问控制	3	4	5	5
3	入侵防范	0	1	4	4
4	恶意代码防范	0	1	2	2
5	安全审计	0	3	4	3
6	可信验证	1	1	1	1

高级别系统的网络边界相对低级别系统的网络边界强化了高强度隔离和非法接入阻断等方面的要求。例如，四级相比三级增设了"应在网络边界通过通信协议转换或通信协议隔离等方式进行数据交换""应能够在发现非授权设备私自联到内部网络的行为或内部用户非授权联到外部网络的行为时，对其进行有效阻断"等要求。

（4）安全计算环境

安全通用要求中的安全计算环境部分是针对边界内部提出的安全控制要求。主要对象为边界内部的所有对象，包括网络设备、安全设备、服务器设备、终端设备、应用系统、数据对象和其他设备等；涉及的安全控制点包括身份鉴别、访问控制、安全审计、入侵防范、恶意代码防范、可信验证、数据完整性、数据保密性、数据备份与恢复、剩余信息保护和个人信息保护。

表 8-8 安全计算环境控制点（要求项）的逐级变化

序号	控制点	一级	二级	三级	四级
1	身份鉴别	2	3	4	4
2	访问控制	3	4	7	7
3	安全审计	0	3	4	4
4	入侵防范	2	5	6	6

序号	控制点	一级	二级	三级	四级
5	恶意代码防范	1	1	1	1
6	可信验证	1	1	1	1
7	数据完整性	1	1	2	3
8	数据保密性	0	0	2	2
9	数据备份与恢复	1	2	3	4
10	剩余信息保护	0	1	2	2
11	个人信息保护	0	2	2	2

高级别系统的计算环境相对低级别系统的计算环境强化了身份鉴别、访问控制和程序完整性等方面的要求。例如，四级相比三级增设了"应采用口令、密码技术、生物技术等两种或两种以上组合的鉴别技术对用户进行身份鉴别，且其中一种鉴别技术至少应使用密码技术来实现""应对主体、客体设置安全标记，并依据安全标记和强制访问控制规则确定主体对客体的访问""应采用主动免疫可信验证机制及时识别入侵和病毒行为，并将其有效阻断"等要求。

（5）安全管理中心

安全通用要求中的安全管理中心部分是针对整个系统提出的安全管理方面的技术控制要求，通过技术手段实现集中管理。涉及的安全控制点包括系统管理、审计管理、安全管理和集中管控。

表 8-9　安全管理中心控制点（要求项）的逐级变化

序号	控制点	一级	二级	三级	四级
1	系统管理	2	2	2	2
2	审计管理	2	2	2	2
3	安全管理	0	2	2	2
4	集中管控	0	0	6	7

高级别系统的安全管理相对低级别系统的安全管理强化了采用技术手段进行集中管控等方面的要求。例如，三级相比二级增设了"应划分出特定的管理区域，对分布在网络中的安全设备或安全组件进行管控""应对网络链路、安全设备、网络设备和服务器等的运行状况进行集中监测""应对分散在各个设备上的审计数据进行收集汇总和集中分析，并保证审计记录的留存时间符合法律法规要求""应对安全策略、恶意代码、补丁升级等安全相关事项进行集中管理"等要求。

3. 管理要求

管理要求分类体现了从要素到活动的综合管理思想。安全管理需要的"机构""制度""人员"三要素缺一不可，同时还应对系统建设整改过程中和运行维护过程中的重要活动实施控制和管理。对级别较高的等级保护对象需要构建完备的安全管理体系。

（1）安全管理制度

安全通用要求中的安全管理制度部分是针对整个管理制度体系提出的安全控制要求，涉及的安全控制点包括安全策略、管理制度、制定和发布以及评审和修订。

表8-10　安全管理制度控制点（要求项）的逐级变化

序号	控制点	一级	二级	三级	四级
1	安全策略	0	1	1	1
2	管理控制	1	2	3	3
3	制定和发布	0	2	2	2
4	评审和修订	0	1	1	1

（2）安全管理机构

安全通用要求中的安全管理机构部分是针对整个管理组织架构提出的

安全控制要求，涉及的安全控制点包括岗位设置、人员配备、授权和审批、沟通和合作以及审核和检查。

表8-11 安全管理机构控制点（要求项）的逐级变化

序号	控制点	一级	二级	三级	四级
1	岗位设置	1	2	3	3
2	人员配备	1	1	2	3
3	授权和审批	1	2	3	3
4	沟通和合作	0	3	3	3
5	审核和检查	0	1	3	3

（3）安全管理人员

安全通用要求中的安全管理人员部分是针对人员管理模式提出的安全控制要求，涉及的安全控制点包括人员录用、人员离岗、安全意识教育和培训以及外部人员访问管理。

表8-12 安全管理人员控制点/要求项的逐级变化。

序号	控制点	一级	二级	三级	四级
1	人员录用	1	2	3	4
2	人员离岗	1	1	2	2
3	安全意识教育和培训	1	1	3	3
4	外部人员访问管理	1	3	4	5

（4）安全建设管理

安全通用要求中的安全建设管理部分是针对安全建设过程提出的安全控制要求，涉及的安全控制点包括定级和备案、安全方案设计、安全产品采购和使用、自行软件开发、外包软件开发、工程实施、测试验收、系统交付、等级测评和服务供应商管理。

表8-13 安全建设管理控制点（要求项）的逐级变化

序号	控制点	一级	二级	三级	四级
1	定级和备案	1	4	4	4
2	安全方案设计	1	3	3	3
3	安全产品采购和使用	1	2	3	4
4	自行软件开发	0	2	7	7
5	外包软件开发	0	2	3	3
6	工程实施	1	2	3	3
7	测试验收	1	2	2	2
8	系统交付	2	3	3	3
9	等级测评	0	3	3	3
10	服务供应商管理	2	2	3	3

（5）安全运维管理

安全通用要求中的安全运维管理部分是针对安全运维过程提出的安全控制要求，涉及的安全控制点包括环境管理、资产管理、介质管理、设备维护管理、漏洞和风险管理、网络和系统安全管理、恶意代码防范管理、配置管理、密码管理、变更管理、备份与恢复管理、安全事件处置、应急预案管理和外包运维管理。

表8-14 安全运维管理控制点（要求项）的逐级变化

序号	控制点	一级	二级	三级	四级
1	环境管理	2	2	3	4
2	资产管理	0	1	3	3
3	介质管理	1	2	2	2
4	设备维护管理	1	2	4	4
5	漏洞和风险管理	1	1	2	2
6	网络和系统安全管理	2	5	10	10

序号	控制点	一级	二级	三级	四级
7	恶意代码防范管理	2	3	2	2
8	配置管理	0	1	2	2
9	密码管理	0	2	2	3
10	变更管理	0	1	3	3
11	备份与恢复管理	2	3	3	3
12	安全事件处置	2	3	4	5
13	应急预案管理	0	2	4	5
14	外包运维管理	0	2	4	4

（五）安全扩展要求的内容

安全扩展要求是采用特定技术或特定应用场景下的等级保护对象需要增加实现的安全要求。GB/T 22239—2019 提出的安全扩展要求包括云计算安全扩展要求、移动互联安全扩展要求、物联网安全扩展要求和工业控制系统安全扩展要求。

1. 云计算安全扩展要求

采用了云计算技术的信息系统通常称为云计算平台。云计算平台由设施、硬件、资源抽象控制层、虚拟化计算资源、软件平台和应用软件等组成。云计算平台中通常有云服务商和云服务客户（云租户）两种角色。根据云服务商所提供服务的类型，云计算平台有软件即服务（SaaS）、平台即服务（PaaS）、基础设施即服务（IaaS）3 种基本的云计算服务模式。在不同的服务模式中，云服务商和云服务客户对资源拥有不同的控制范围，控制范围决定了安全责任的边界。

云计算安全扩展要求是针对云计算平台提出的安全通用要求之外额外需要实现的安全要求。云计算安全扩展要求涉及的控制点包括基础设施位

置、网络架构、网络边界的访问控制、网络边界的入侵防范、网络边界的
安全审计、集中管控、计算环境的身份鉴别、计算环境的访问控制、计算
环境的入侵防范、镜像和快照保护、数据安全性、数据备份恢复、剩余信
息保护、云服务商选择、供应链管理和云计算环境管理。

表 8-15　云计算安全扩展要求控制点（要求项）的逐级变化

序号	控制点	一级	二级	三级	四级
1	基础设施位置	1	1	1	1
2	网络架构	2	3	5	8
3	网络边界的访问控制	1	2	2	2
4	网络边界的入侵防范	0	3	4	4
5	网络边界的安全审计	0	2	2	2
6	集中管控	0	0	4	4
7	计算环境的身份鉴别	0	0	1	1
8	计算环境的访问	2	2	2	2
9	计算环境的入侵防范	0	0	3	3
10	镜像和快照保护	0	2	3	3
11	数据安全性	1	3	4	4
12	数据备份恢复	0	2	4	4
13	剩余信息保护	0	2	2	2
14	云服务商选择	3	4	5	6
15	供应链管理	1	2	3	3
16	云计算环境管理	0	1	1	1

2. 移动互联安全扩展要求

采用移动互联技术的等级保护对象，其移动互联部分通常由移动终端、
移动应用和无线网络 3 部分组成。移动终端通过无线通道连接无线接入设

备接入有线网络；无线接入网关通过访问控制策略限制移动终端的访问行为；后台的移动终端管理系统（如果配置）负责对移动终端的管理，包括向客户端软件发送移动设备管理、移动应用管理和移动内容管理策略等。

移动互联安全扩展要求是针对移动终端、移动应用和无线网络提出的特殊安全要求，它们与安全通用要求一起构成针对采用移动互联技术的等级保护对象的完整安全要求。移动互联安全扩展要求涉及的控制点包括无线接入点的物理位置、无线和有线网络之间的边界防护、无线和有线网络之间的访问控制、无线和有线网络之间的入侵防范，移动终端管控、移动应用管控、移动应用软件采购、移动应用软件开发和配置管理。

表 8-16 移动互联安全扩展要求控制点（要求项）的逐级变化

序号	控制点	一级	二级	三级	四级
1	无线接入点的物理位置	1	1	1	1
2	无线和有线网络之间的边界防护	1	1	1	1
3	无线和有线网络之间的访问控制	1	1	1	1
4	无线和有线网络之间的入侵防范	0	5	6	6
5	移动终端管控	0	0	2	3
6	移动应用管控	1	2	3	4
7	移动应用软件采购	1	2	2	2
8	移动应用软件开发	0	2	2	2
9	配置管理	0	0	1	1

3. 物联网安全扩展要求

物联网从架构上通常可分为 3 个逻辑层，即感知层、网络传输层和处理应用层。其中感知层包括传感器节点和传感网网关节点或 RFID 标签和 RFID 读写器，也包括感知设备与传感网网关之间、RFID 标签与 RFID 读写器之间的短距离通信（通常为无线）部分；网络传输层包括将感知数据远距离传输到处理中心的网络，如互联网、移动网或几种不同网络的融合；处理应用层包括对感知数据进行存储与智能处理的平台，并对业务应用终端提供服务。对大型物联网来说，处理应用层一般由云计算平台和业务应用终端构成。

对物联网的安全防护应包括感知层、网络传输层和处理应用层。由于网络传输层和处理应用层通常由计算机设备构成，因此这两部分按照安全通用要求提出的要求进行保护。物联网安全扩展要求是针对感知层提出的特殊安全要求，它们与安全通用要求一起构成针对物联网的完整安全要求。

物联网安全扩展要求涉及的控制点包括感知节点的物理防护、感知网的入侵防范、感知网的接入控制、感知节点设备安全、网关节点设备安全、抗数据重放、数据融合处理和感知节点的管理。

表 8-17　物联网安全扩展要求控制点（要求项）的逐级变化

序号	控制点	一级	二级	三级	四级
1	感知节点的物理防护	2	2	4	4
2	感知网的入侵防范	0	2	2	2
3	感知网的接入控制	1	1	1	1
4	感知节点设备安全	0	0	3	3
5	网关节点设备安全	0	0	4	4
6	抗数据重放	0	0	2	2
7	数据融合处理	0	0	1	2
8	感知节点的管理	1	2	3	3

4. 工业控制系统安全扩展要求

工业控制系统通常是可用性要求较高的等级保护对象。工业控制系统是各种控制系统的总称，典型的如数据采集与监视控制系统（SCADA）、集散控制系统（DCS）等。工业控制系统通常用于电力、水和污水处理、石油和天然气、化工、交通运输、制药、纸浆和造纸、食品和饮料以及离散制造（如汽车、航空航天和耐用品）等行业。

工业控制系统从上到下一般分为5个层级，依次为企业资源层、生产管理层、过程监控层、现场控制层和现场设备层，不同层级的实时性要求有所不同，对工业控制系统的安全防护应包括各个层级。由于企业资源层、生产管理层和过程监控层通常由计算机设备构成，因此这些层级按照安全通用要求提出的要求进行保护。

工业控制系统安全扩展要求是针对现场控制层和现场设备层提出的特殊安全要求，它们与安全通用要求一起构成针对工业控制系统的完整安全要求。工业控制系统安全扩展要求涉及的控制点包括室外控制设备防护、网络架构、通信传输、访问控制、拨号使用控制、无线使用控制、控制设备安全、产品采购和使用以及外包软件开发。

表8-18 工业控制系统安全扩展要求控制点（要求项）的逐级变化

序号	控制点	一级	二级	三级	四级
1	室外控制设备防护	2	2	2	2
2	网络架构	2	3	3	3
3	通信传输	0	1	1	1
4	访问控制	1	2	2	2
5	拨号使用控制	0	1	2	3
6	无线使用控制	2	2	4	4
7	控制设备安全	2	2	5	5
8	产品采购和使用	0	1	1	1
9	外包软件开发	0	1	1	1

四、《信息安全技术 网络安全等级保护 测评要求》（GB/T 28448—2019）

（一）标准的适用范围

本标准规定了不同级别的等级保护对象的安全测评通用要求和安全测评扩展要求。

本标准适用于安全测评服务机构，等级保护对象的运营使用单位及主管部门对等级保护对象的安全状况进行安全测评并提供指南，也适用于网络安全职能部门进行网络安全等级保护监督检查时参考使用。

注：第五级等级保护对象是非常重要的监督管理对象，对其有特殊的管理模式和安全测评要求，所以不在本标准中进行描述。

（二）术语和定义

GB 17859—1999、GB/T25069、GB/T 22239—2019、GB/T 25070—2019、GB/T 31167—2014、GB/T 31168—2014 和 GB/T 32919—2016 界定的以及下列术语和定义适用于本文件。为了便于使用，以下重复列出了 GB/T 31167—2014 和 GB/T 31168—2014 中的一些术语和定义。

1. 访谈（interview）

测评人员通过引导等级保护对象相关人员进行有目的的（有针对性的）交流以帮助测评人员理解、澄清或取得证据的过程。

2. 核查（examine）

测评人员通过对测评对象（如制度文档、各类设备及相关安全配置等）

进行观察、查验和分析，以帮助测评人员理解、澄清或取得证据的过程。

3. 测试（test）

测评人员使用预定的方法（工具）使测评对象（各类设备或安全配置）产生特定的结果，将运行结果与预期的结果进行比对的过程。

4. 评估（evaluate）

对测评对象可能存在的威胁及其可能产生的后果进行综合评价和预测的过程。

5. 测评对象（target of testing and evaluation）

等级测评过程中不同测评方法作用的对象，主要涉及相关配套制度文档、设备设施及人员等。

6.等级测评（testing and evaluation for classified cybersecurity protection）

测评机构依据国家网络安全等级保护制度规定，按照有关管理规范和技术标准，对非涉及国家秘密的网络安全等级保护状况进行检测评估的活动。

7. 云服务商（cloud service provider）

云服务商管理、运营、支撑云计算的计算基础设施及软件，通过网络交付云计算的资源。（GB/T 31167—2014，定义3.3）。

8. 服务客户（cloud service customer）

为使用云计算服务同云服务商建立业务关系的参与方。（GB/T 31168—2014，定义3.4）

9. 虚拟机监视器（hypervisor）

运行在基础物理服务器和操作系统之间的中间软件层，可允许操作系统和应用共享硬件。

10. 宿主机（host machine）

运行虚拟机监视器的物理服务器。

（三）等级测评概述

1. 等级测评方法

等级测评实施的基本方法是针对特定的测评对象，采用相关的测评手段，遵从一定的测评规程，获取需要的证据数据，给出是否达到特定级别安全保护能力的评判。等级测评实施的详细流程和方法见 GB/T 28448—2019。

本标准中针对每一个要求项的测评就构成一个单项测评，针对某个要求项的所有具体测评内容构成测评实施。单项测评中的每一个具体测评实施要求项（以下简称"测评要求项"）是与安全控制点下面所包括的要求项（测评指标）相对应的。在对每一要求项进行测评时，可能用到访谈、核查和测试三种测评方法，也可能用到其中一种或两种。测评实施的内容完全覆盖了 GB/T 22239—2019 及 GB/T 25070—2019 中所有要求项的测评要求，使用时应当从单项测评的测评实施中抽取出对于 GB/T 22239—2019 中每一个要求项的测评要求，并按照这些测评要求开发测评指导书，以规范和指导等级测评活动。

根据调研结果，分析等级保护对象的业务流程和数据流，确定测评工作的范围。结合等级保护对象的安全级别，综合分析系统中各个设备和组件的功能和特性，从等级保护对象构成组件的重要性、安全性、共享性、全面性和恰当性等几方面属性确定技术层面的测评对象，并将与其相关的人员及管理文档确定为管理层面的测评对象。测评对象可以根据类别加以描述，包括机房、业务应用软件、主机操作系统、数据库管理系统、网络互联设备、安全设备、访谈人员及安全管理文档等。

等级测评活动涉及测评力度，包括测评广度 (覆盖面) 和测评深度 (强弱度)。安全保护等级较高的测评实施应选择覆盖面更广的测评对象和更强的测评手段，可以获得可信度更高的测评证据，测评力度的具体描述参见附录 A.

每个级别测评要求都包括安全测评通用要求、云计算安全测评扩展要求、移动互联安全测评扩展要求、物联网安全测评扩展要求和工业控制系统安全测评扩展要求 5 个部分。大数据可参考安全评估方法参见附录 B.

（四）单项测评

单项测评从安全物理环境、安全通信网络、安全区域边界、安全计算环境、安全管理中心、安全管理制度、安全管理机构、安全管理人员、安全建设管理和安全运维管理 10 个方面逐一展开。

1. 安全物理环境单项测评

安全物理环境的单项测评主要针对机房的基础物理设施环境及相关的硬件设备和介质等进行。部分安全物理环境安全的测评涉及终端所在的办公场地。测评的主要内容包括物理位置选择、物理访问控制、防雷、防火、防水、防潮、防盗窃、防破坏、温湿度控制、电力供应、电磁防护等。测评对象包括各种制度类、规程类、记录和证据类等文档，各类安全管理人员，机房各类基础设备。其中，各类安全管理人员主要为安全主管、系统管理员、审计管理员、安全管理员和其他相关人员；机房各类基础设备包括电子门禁系统、机房监控系统、防盗报警系统、防感应雷措施、火灾自动检测、报警和灭火、温湿度自动调控、UPS、备用发电系统和屏蔽机柜（机房）等。

2. 安全通信网络单项测评

安全通信网络的单项测评主要针对组织中的数据通信网络进行，由网络设备、安全设备和通信链路及其组件构成，目的是保证等级保护对象各个部分进行安全通信传输。测评内容主要包括网络架构、通信传输和可信验证等。测评对象包括路由器、交换机、无线接入设备和防火墙等提供网络通信功能的设备或相关组件，综合网管系统和相应设计（验收文档）等。

3. 安全区域边界单项测评

安全区域边界的单项测评主要针对系统边界进行，系统边界一般包括整网互联边界和不同级别系统之间的边界。测评内容主要包括边界防护、访问控制、入侵防范、恶意代码、反垃圾邮件防范和安全审计等。测评对象包括网闸、防火墙、路由器、交换机和无线接入网关设备等提供访问控制功能的设备或相关组件，抗 APT 攻击系统、网络回溯系统、威胁情报检测系统、抗 DDoS 攻击系统和入侵保护系统或相关组件，防病毒网关和 UTM 等提供防恶意代码功能的系统或相关组件，防垃圾邮件网关等提供防垃圾邮件功能的系统或相关组件，终端管理系统或相关设备等。

4. 安全计算环境单项测评

安全计算环境的单项测评主要针对构成等级保护对象的所有设备节点进行。测评内容主要包括身份鉴别、访问控制、安全审计、可信验证、入侵防范、恶意代码防范、数据完整性、数据保密性、数据备份恢复和个人信息保护等。测评对象包括终端和服务器等设备中的操作系统（包括宿主机和虚拟机操作系统）、网络设备（包括虚拟网络设备）、安全设备（包括虚

拟安全设备)、移动终端、移动终端管理系统、移动终端管理客户端、感知节点设备、网关节点设备、控制设备、业务应用系统、数据库管理系统、中间件和系统管理软件及系统设计文档等、提供可信验证的设备或组件和提供集中审计功能的系统等。

5. 安全管理中心单项测评

安全管理中心的单项测评主要针对相关的集中安全管理系统进行。测评内容主要包括系统管理、审计管理、安全管理和集中管控等。测评对象主要包括提供集中系统管理功能的系统、安全审计系统等提供集中审计功能的系统和综合网管系统等提供运行状态监测功能的系统等。

6. 安全管理方面的单项测评

安全管理方面的单项测评主要包括安全管理制度、安全管理机构、安全管理人员、安全建设管理和安全运维 5 个方面。测评对象主要包括人员和文档。人员包括系统管理员、安全审计员、安全管理员、机房管理员和文档管理员等。文档包括管理文档 (策略、制度、规程)、记录类文档 (会议记录、运维记录) 和其他类文档 (机房验收证明等)。

（五）整体测评

等级保护对象整体测评应从安全控制点、安全控制点间和区域间等方面进行测评和综合安全分析,从而给出等级测评结论。整体测评包括安全控制点测评、安全控制点间测评和区域间测评。

1. 安全控制点测评

安全控制点测评是指对单个控制点中所有要求项的符合程度进行分析和判定。在单项测评完成后,如果该安全控制点下的所有要求项为符合,则该安全控制点符合；否则，为不符合或部分符合。

2. 安全控制点间测评

安全控制点间测评的目的是确定安全问题之间的关联对定级对象整体安全保护能力的影响，所以需要从同一区域同一类内的两个或两个以上不同安全控制点间的关联进行测评分析。在单项测评工作完成后应进行安全控制点间测评，汇总统计定级对象的某个安全控制点中的要求项存在不符合或部分符合的情况，综合分析在同一区域同一安全类内是否存在不同安全控制点之间具有增强或削弱的作用（如物理访问控制和防盗窃、身份鉴别和访问控制等）。同时分析是否存在与该要求项具有相似的安全功能的安全技术措施或管理措施等相关工作。

根据安全控制点间测评结果，综合分析判断其相对应的安全保护能力是否缺失，如果经过综合分析其相关联的安全问题不会造成定级对象整体安全保护能力的缺失，则该安全控制点测评结果应调整为符合。

3. 区域间测评

区域间测评的目的是确定安全问题之间的关联对定级对象整体安全保护能力的影响，所以需要从不同功能区域间或不同控制方式之间的关联进行测评分析。在单项测评工作完成后应进行区域间测评，汇总统计定级对象的某个安全控制点下的安全要求项不符合或部分符合的情况。分析在互连互通的不同安全区域之间，是否存在区域间安全功能的相互增强或削弱等作用，重点分析定级对象的访问控制路径，如不同功能区域间的数据流流向和控制方式。

根据区域间测评结果，综合分析判断与其相对应的安全保护能力是否缺失，如果经过综合分析其相关联的安全问题不会造成定级对象整体安全保护能力的缺失，则该安全控制点测评结果应调整为符合。

（六）测评结论

1. 风险分析和评价

等级测评报告中应对整体测评之后单项测评结果中的不符合项或部分符合项进行风险分析和评价。

采用风险分析的方法对单项测评结果中存在的不符合项或部分符合项，分析所产生的安全问题被威胁利用的可能性，判断其被威胁利用后对业务信息安全和系统服务安全造成影响的程度，综合评价这些不符合项或部分符合项对定级对象造成的安全风险。

2. 等级测评结论

等级测评报告应给出等级保护对象的等级测评结论，确认等级保护对象达到相应等级保护要求的应结合各类的测评结论和对单项测评结果的风险分析给出等级测评结论。

①符合：定级对象中未发现安全问题，等级测评结果中所有测评项的单项测评结果中部分符合和不符合项的统计结果全为 0，综合得分为 100 分。

②基本符合：定级对象中存在安全问题，部分符合和不符合项的统计结果不全为 0，但存在的安全问题不会导致定级对象面临高等级安全风险，且综合得分不低于阈值。

③不符合：定级对象中存在安全问题，部分符合项和不符合项的统计结果不全为 0，而且存在的安全问题会导致定级对象面临高等级安全风险，或者中低风险所占比例超过阈值。

实际测评报告评价结果分为 4 个等级：优、良、中、差。

①优：优包括两种情况，一种符合，一种基本符合。其中基本符合要求为，定级对象存在安全问题，部分符合和不符合项的统计结果不全为 0，但存在的安全问题不会导致定级对象面临高等级安全风险，且综合得分不

低于 90。

②良：良为基本符合的一种类型。定级对象存在安全问题，部分符合和不符合项的统计结果不全为 0，但存在的安全问题不会导致定级对象面临高等级安全风险，且综合得分不低于 80，不高于 90。

③中：中为基本符合的一种类型。定级对象存在安全问题，部分符合和不符合项的统计结果不全为 0，但存在的安全问题不会导致定级对象面临高等级安全风险，且综合得分不低于 70，不高于 80。

④差：差为不符合，定级对象存在安全问题，部分符合和不符合项的统计结果不全为 0，但存在的安全问题不会导致定级对象面临高等级安全风险，且综合得分低于 70，或存在高风险。

五、《信息安全技术 网络安全等级保护 测评过程指南》（GB/T 28449—2019）

（一）标准的适用范围

本标准规范了网络安全等级保护测评（以下简称"等级测评"）的工作过程，规定了测评活动及其工作任务。

本标准适用于测评机构、定级对象的主管部门及运营使用单位开展网络安全等级保护测试评价工作。

（二）术语和定义

GB 17859、GB/T 22239、GB/T 25069 和 GB/T 28448 界定的术语和定义适用于本文件。

（三）等级测评概述

1. 等级测评程概述

本标准中的测评工作过程及任务基于受委托测评机构对定级对象的初次等级测评给出。运营、使用单位的自查或受委托测评机构已经实施过一次以上等级测评的，测评机构和测评人员根据实际情况调整部分工作任务(见附录 A)。开展等级测评的测评机构应严格按照附录 B 中给出的等级测评工作要求开展相关工作。

等级测评过程包括四个基本测评活动：测评准备活动、方案编制活动、现场测评活动、报告编制活动。而测评相关方之间的沟通与洽谈应贯穿整个等级测评过程。每一测评活动有一组确定的工作任务。具体如表 8-19 所示。

表 8-19　等级测评活动

测评	主要工作任务
测评准备活动	工作启动
	信息收集和分析
	工具和表单准备
方案编制活动	测评对象确定
	测评指标确定
	测评内容确定
	工具测试方法确定
	测评指导书开发
	测评方案编制
现场测评活动	现场测评准备
	现场测评和结果记录
	结果确认和资料归还

测评	主要工作任务
报告编制活动	单项测评结果判定
	单元测评结果判定
	整体测评
	系统安全保障评估
	安全问题风险分析
	等级测评结论形成
	测评报告编制

本标准对其中每项活动均给出相应的工作流程、主要任务、输出文档及活动中相关方的职责的规定,每项工作任务均有相应的输入、任务描述和输出产品。

2. 等级测评风险

(1)影响系统正常运行的风险

在现场测评时,需要对设备和系统进行一定的验证测试工作,部分测试内容需要上机验证并查看一些信息,这就可能对系统运行造成一定的影响,甚至存在误操作的可能。

此外,使用测试工具进行漏洞扫描测试、性能测试及渗透测试等,可能会对网络和系统的负载造成一定的影响,渗透性攻击测试还可能影响到服务器和系统正常运行,如出现重启、服务中断、渗透过程中植入的代码未完全清理等现象。

(2)敏感信息泄露风险

测评人员有意或无意泄漏被测系统状态信息,如网络拓扑、IP 地址、业务流程、业务数据、安全机制、安全隐患和有关文档信息等。

(3)木马植入风险

测评人员在渗透测试完成后,有意或无意将渗透测试过程中用到的测试工具未清理或清理不彻底，或者测试电脑中带有木马程序，带来在被测评系统中植入木马的风险。

3. 等级测评风险规避

在等级测评过程中可以通过采取以下措施规避风险：

（1）签署委托测评协议

在测评工作正式开始之前，测评方和被测评单位需要以委托协议的方式明确测评工作的目标、范围、人员组成、计划安排、执行步骤和要求以及双方的责任和义务等，使得测评双方对测评过程中的基本问题达成共识。

（2）签署保密协议

测评相关方应签署合乎法律规范的保密协议，以约束测评相关方现在及将来的行为。保密协议规定了测评相关方保密方面的权利与义务。测评过程中获取的相关系统数据信息及测评工作的成果属被测评单位所有，测评方对其的引用与公开应得到相关单位的授权，否则相关单位将按照保密协议的要求追究测评单位的法律责任。

（3）现场测评工作风险的规避

现场测评之前，测评机构应与相关单位签署现场测评授权书，要求相关方对系统及数据进行备份，并对可能出现的事件制定应急处理方案。

进行验证测试和工具测试时，避开业务高峰期，在系统资源处于空闲状态时进行，或配置与生产环境一致的模拟（仿真）环境，在模拟（仿真）环境下开展漏洞扫描等测试工作；上机验证测试由测评人员提出需要验证的内容，系统运营、使用单位的技术人员进行实际操作。整个现场测评过程要求系统运营、使用单位全程监督。

（4）测评现场还原

测评工作完成后，测评人员应将测评过程中获取的所有特权交回，把测评过程中借阅的相关资料文档归还，并将测评环境恢复至测评前状态。

（四）等级测评活动

等级测评活动分为四个基本过程：测评准备、测评方案编制、现场测评、测评报告编制。在整个业务流程中，测评项目负责人与测评委托单位应保持及时沟通与洽谈。

1. 测评准备

测评准备活动是开展等级测评工作的前提和基础，是整个等级测评过程有效性的保证。其主要任务是掌握被测系统的详细情况，为实施测评做好文档及测试工具等方面的准备。测评准备活动的基本工作流程及任务主要包括等级测评项目启动、信息收集和分析、工具和表单准备。测评准备工作是否充分直接关系到后续工作能否顺利开展。本活动的主要任务是掌握被测系统的详细情况，准备测试工具，为编制测评方案做好准备。

此阶段是项目的启动和协调阶段，是项目执行阶段的开始，对项目后期的发展方向非常重要。此阶段的参加人员为：测评机构测评人员，本项目的项目各组组长；委托方的相关领导和项目成员。

在此阶段的主要工作是：

项目启动：在项目启动任务中，成立项目组，双方就项目组的组织架构和工作计划进行沟通和确认；双方对项目实施中已知风险作解决、规避和接受方式、方法确认；双方对项目实施中未知风险作解决、规避和接受方式、方法确认；测评机构向委托方发放《信息系统基本情况调查表》，获取测评委托单位及被测系统的基本情况，从基本资料、人员、计划安排等方面为整个等级测评项目的实施做基本准备。信息收集和分析：测评机构通过查阅被测系统已有资料以及完成的《信息系统基本情况调查表》进行分析、交流，了解整个系统的构成和保护情况，为编写测评方案和开展现场测评工作奠定基础。工具和表单准备：测评项目组成员在进行现场测评之前，应熟悉与被测系统相关的各种组件、调试测评工具、准备各种表单等。

输出产品：填制完毕的《信息系统基本情况调查表》。

2. 方案编制

方案编制活动是开展等级测评工作的关键活动，为现场测评提供最基本的文档和指导方案。其主要任务是确定与被测信息系统相适应的测评对象、测评指标及测评内容等，形成测评方案。如图 8-3 所示。

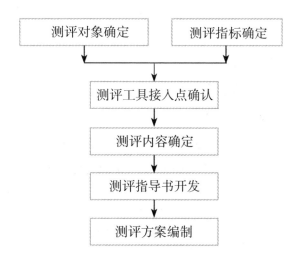

图 8-3　方案编制活动

方案编制活动包括测评对象确定、测评指标确定、测试工具接入点确定、测评内容确定及测评方案编制等主要任务。

输出产品：《信息系统测评方案》。

3. 现场测评

召开项目首次会议，首次会议由甲方、测评机构、网监部门以及甲方的信息安全建设和运维单位人员参加。本次会议主要介绍甲方的系统定级情况，甲方系统现状，等级保护工作的实施流程，等级测评的流程和方法。让项目参与方人员了解整个项目的工作流程、工作方法和使用的工具，为项目过程中双方的良好沟通奠定坚实的基础。

现场测评活动是开展等级测评工作的核心活动。其主要任务是按照测评方案的总体要求，分步实施所有测评项目，包括单元测评和整体测评两个方面，以了解系统的真实保护情况，获取足够证据，发现系统存在的安全问题。

此阶段的参加人员为：测评机构的技术人员；甲方项目范围内各系统管理员、测评配合人员及相关人员等。

在此阶段的主要工作是：了解系统现状，确定测评范围和测评对象；制定测评方案；实施初测评，了解系统安全现状；差距分析，确定安全差距；分析标准，出具安全整改建议。

现场测评参照《信息安全技术网络安全等级保护基本要求》（GB/T 22239—2019）从安全物理环境、安全通信网络、安全区域边界、安全计算环境、安全建设管理等层面进行差距分析，依据《信息系统等级保护安全设计技术要求》（GB/T 25070—2019），对系统进行初次安全评估。如图8-4所示。

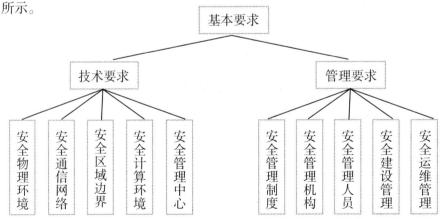

图 8-4　基本要求安全层面

①安全物理环境测评：包括物理位置选择、物理访问控制、防盗窃和

防破坏、防雷击、防火、防水和防潮、防静电、温湿度控制、电力供应、电磁防护等内容。

②安全通信网络测评：包括网络架构、通信传输、可信验证等内容。

③安全区域边界测评：包括边界防护、访问控制、入侵防范、恶意代码和垃圾邮件防范、安全审计、可信验证等内容。

④安全计算环境测评：包括身份鉴别、访问控制、安全审计、入侵防范、恶意代码防范、可信验证、数据完整性、数据保密性、数据备份恢复、剩余信息保护、个人信息保护等内容。

⑤安全管理中心测评：包括系统管理、审计管理、安全管理、集中管控等内容。

⑥安全管理制度测评：包括安全策略、管理制度、制定和发布、评审和修订等内容。

⑦安全管理机构测评：包括岗位设置、人员配备、授权和审批、沟通和合作、审核和检查等内容。

⑧安全管理人员测评：包括人员录用、人员离岗、安全意识教育和培训、外部人员访问管理等内容。

⑨安全建设管理测评：包括定级和备案、安全方案设计、产品采购和使用、自行软件开发、外包软件开发、工程实施、测试验收、系统交付、等级测评、服务供应商管理等内容。

⑩安全运维管理测评：包括环境管理、资产管理、介质管理、设备维护管理、漏洞和风险管理、网络和系统安全管理、恶意代码防范管理、配置管理、密码管理、变更管理、备份与恢复管理、安全事件处置、应急预案管理、外包运维管理等内容。

另外如果系统涉及云平台、大数据、物联网、工控、互联网 app 等方面还要针对系统的扩展项进行测评。输出产品：《现场测评表》、各类工具测试报告、渗透测试报告等。

4. 测评报告编制

测评报告编制活动是给出等级测评工作结果的活动，是总结被测系统整体安全保护能力的综合评价活动。其主要任务是根据现场测评结果和有关要求，通过单项测评结果判定、单元测评结果判定、整体测评和风险分析等方法，找出整个系统的安全保护现状与相应等级的保护要求之间的差距，并分析这些差距导致被测系统面临的风险，综合评价被测信息系统保护状况，从而给出等级测评结论，按照公安部制订的信息系统安全等级测评报告格式形成测评报告。如图 8-5 所示。

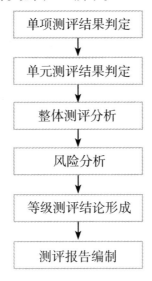

图 8-5　测评报告编制

输出：《信息系统测评报告》。

等级测评活动各阶段的具体工作流程、主要任务、输入、输出详见 GB/T 28449—2019。

第二节　密码评估系列标准

一、《信息安全技术 信息系统密码应用基本要求》（GB/T 39786—2021）

（一）标准的适用范围

本标准规定了信息系统第一级到第四级的密码应用的基本要求，从信息系统的物理和环境安全、网络和通信安全、设备和计算安全、应用和数据安全四个技术层面提出了第一级到第四级的密码应用技术要求，并从管理制度、人员管理、建设运行和应急处置四个方面提出了第一级到第四级的密码应用管理要求。

注：第五级密码应用仅在本标准中描述通用要求，第五级密码应用技术要求和管理要求不在本标准中描述。

本标准适用于指导、规范信息系统密码应用的规划、建设、运行及测评。在本标准的基础之上，各领域与行业可结合本领域与行业的密码应用需求来指导、规范信息系统密码应用。

（二）术语和定义

1. 机密性（confidentiality）

保证信息不被泄露给非授权实体的性质。

2. 数据完整性（data integrity）

数据没有遭受以非授权方式进行的改变的性质。

3. 真实性（authenticity）

一个实体是其所声称实体的这种特性。真实性适用于用户、进程、系统和信息之类的实体。

4. 不可否认性（non-repudiation）

证明一个已经发生的操作行为无法否认的性质。

5. 加密（encipherment：encryption）

对数据进行密码变换以产生密文的过程。

6. 密钥（key）

控制密码算法运算的关键信息或参数。

7. 密钥管理（key management）

根据安全策略，对密钥的产生、分发、存储、使用、更新、归档、撤销、备份、恢复和销毁等密钥全生存周期的管理。

8. 身份鉴别（identity authentication）

证实一个实体所声称身份的过程。

9. 消息鉴别码（message authentication code）

利用对称密码技术或密码杂凑技术，在秘密密钥参与下，由消息所导出的数据项。任何持有这一秘密密钥的实体，可利用消息鉴别码检查消息的完整性和始发者身份。

10. 动态口令（one-time password）

基于时间、事件等方式动态生成的一次性口令。

11. 访问控制（access control）

按照特定策略，允许或拒绝用户对资源访问的一种机制。

（三）概述

1.信息系统密码应用技术框架

（1）框架概述

本标准从信息系统的物理和环境安全、网络和通信安全、设备和计算安全、应用和数据安全四个层面提出密码应用技术要求。保障信息系统的实体身份真实性、重要数据的机密性和完整性、操作行为的不可否认性；并从信息系统的管理制度、人员管理、建设运行和应急处置四个方面提出密码应用管理要求，为信息系统提供管理方面的密码应用安全保障。

（2）密码应用技术要求维度

技术要求主要由机密性、完整性、真实性、不可否认性四个密码安全功能维度构成。具体保护对象或应用场景描述如下：

①使用密码技术的加解密功能实现机密性，信息系统中机密性技术要求保护的对象为：

身份鉴别信息。

密钥数据。

传输的重要数据。

信息系统应用中所有存储的重要数据。

完整性技术要求保护对象

②使用基于对称密码算法或密码杂凑算法的消息鉴别码机制、基于公钥密码算法的数字签名机制等密码技术实现完整，信息系统中完整性技术要求保护的对象为：

身份鉴别信息。

密钥数据。

日志记录。

访问控制信息。

重要信息资源安全标记。

重要可执行程序。

视频监控音像记录。

电子门禁系统进出记录。

传输的重要数据。

信息系统应用中所有存储的重要数据。

③使用动态口令机制、基于对称密码算法或密码杂凑算法的消息鉴别码机制、基于公钥密码算法的数字签名机制等密码技术实现真实性，信息系统中真实性技术要求应用场景为：

进入重要物理区域人员的身份鉴别。

通信双方的身份鉴别。

网络设备接入时的身份鉴别。

重要可执行程序的来源真实性保证。

登录操作系统和数据库系统的用户身份鉴别。

应用系统的用户身份鉴别。

不可否认性技术要求保护对象

④使用基于公钥密码算法的数字签名机制等密码技术来保证数据原发行为的不可否认性和数据接收行为的不可否认性。

（3）密码应用管理要求维度

管理要求由管理制度、人员管理、建设运行、应急处置等四个密码应用管理维度构成，具体如下：

①密码应用安全管理相关流程制度的制定、发布、修订的规范性要求；

②密码相关安全人员的密码安全意识以及关键密码安全岗位员工的密码安全能力的培养、人员工作流程要求等。

③建设运行过程中密码应用安全要求及方案落地执行的一致性和有效性要求。

④处理密码应用安全相关的应急突发事件的能力要求。

（4）密码应用基本要求等级描述

本标准对信息系统密码应用划分为自低向高的五个等级，参照 GB/T 22239 的等级保护对象应具备的基本安全保护能力要求，本标准提出密码保障能力逐级增强的要求，用一、二、三、四、五表示。信息系统管理者可按照业务实际情况选择相应级别的密码保障技术能力及管理能力，各等级描述如下：

①第一级，是信息系统密码应用安全要求等级的最低等级，要求信息系统符合通用要求和最低限度的管理要求，并鼓励使用密码保障信息系统安全。

②第二级，是在第一级要求的基础上，增加操作规程、人员上岗培训与考核、应急预案等管理要求，并要求优先选择使用密码保障信息系统安全。

③第三级，是在第二级要求的基础上，增加对真实性、机密性的技术要求以及全部的管理要求。

④第四级，是在第三级要求的基础上，增加对完整性、不可否认性的技术要求。

⑤第五级（略）。

本标准所要求的不同等级密码应用基本要求简表参见附录 A。

（四）通用要求

第一级到第五级的信息系统应符合以下通用要求：

1. 信息系统中使用的密码算法应符合法律、法规的规定和密码相关国家标准、行业标准的有关要求。

该条款的目的是规范密码算法的选用，要求在建设信息系统时应使用国家密码管理部门或相关行业认可的标准算法。这样一方面能为算法本身的安全性提供保证，另一方面也能够为信息系统的互联互通提供便利。

一般来说，有三种类型的密码算法可以满足该条款的要求：

①以国家标准或国家密码行业标准形式公开发布的密码算法。密码应用中使用的绝大多数算法都是这类算法，包括 ZUC、SM2、SM3、SM4、SM9 等算法。

②为特定行业、特定需求设计的专用算法及未公开的通用算法。这类算法在密码应用中相对涉及较少，使用这类算法前应向国家密码管理部门咨询有关政策。

③由于国际互联互通等需要而兼容的其他算法。在选取这些算法前，信息系统责任单位须同时咨询行业主管部门和国家密码管理部门的意见，且应在应用中默认优先使用商用密码算法。

2. 信息系统中使用的密码技术应遵循密码相关国家标准和行业标准。

该条款的目的是规范密码技术的使用，要求使用的密码技术应符合国家或行业标准规定。密码技术是指实现密码的加密保护和安全认证等功能的技术，除密码算法外，还包括密钥管理和密码协议等。密码技术相关国家或行业标准规定了密码技术在密码产品中或不同应用场景下的使用方法，信息系统应当依据相关要求实现所需的安全功能。例如，在 GM/T 0036—

2014 电子门禁系统标准中，规定了采用基于 SM4 等算法的密钥分散技术实现密钥分发；在 GM/T 0022—2014 IPSec VPN 标准中，规定了采用 SM4 等对称密码算法、SM2 等公钥密码算法和 SM3 等密码杂凑算法进行机密性保护、身份鉴别和完整性保护的方法。

3. 信息系统中使用的密码产品、密码服务应符合法律法规的相关要求

信息系统中使用的密码产品应符合法律法规的相关要求。

该条款的目的是规范密码产品和密码模块的使用，要求所有信息系统中的密码产品与密码模块都应通过国家市场监督管理部门的核准。这里所称的"密码产品"和"密码模块"是狭义的概念，事实上都属于广义上的"密码产品"。密码产品在通过国家市场监督管理部门核准后，会获得商用密码产品认证证书。

按照商用密码产品检测的趋势，核准后的密码产品（除安全芯片和密码系统外）不仅在功能上满足相关产品标准，在自身安全性（安全防护能力）上还应满足特定安全等级的要求，即符合《密码模块安全技术要求》（GM/T 0028—2014）某个安全等级的要求。早前批准的密码产品均为硬件形态，还未进行单独的安全等级检测。考虑到与这些产品的兼容性，《信息系统密码应用基本要求》认为它们的安全性与三级密码模块的安全性相当；待它们的产品型号证书有效期满后，在进行重新检测时，将在原有检测内容基础上增加对安全等级的单独检测。

在原理上，信息系统的安全等级与选用的密码产品的安全等级并没有严格对应关系，密码模块等级的选用，应当综合考虑密码模块的安全性及被保护系统和被保护资产的价值等各方面因素。但是，由于现阶段人们对密码模块安全等级的理解程度不一，为更好地保障信息系统的安全，《信息系统密码应用基本要求》要求高安全等级的信息系统应当使用高安全等级的密码模块。在实际密码应用中，在经过充分论证的情况下，信息系统

可以选用适合自身安全等级的密码模块；选用理由应当在密码应用方案中阐述，而且密码应用方案应当通过评估。在默认情况下，信息系统应当按照《信息系统密码应用基本要求》中的规定选取和部署相关的密码产品，具体要求如下：

①等级保护第一级信息系统，对选用的密码产品的安全级别无特殊要求。

②等级保护第二级信息系统，"宜"采用符合 GB/T 37092 一级及以上安全要求密码模块或通过国家密码管理部门核准的硬件密码产品，实现密码运算和密钥。

②等级保护第三级信息系统，"宜"采用符合 GB/T 37092 二级及以上安全要求密码模块或通过国家密码管理部门核准的硬件密码产品，实现密码运算和密钥管理。

③等级保护第四级信息系统，"应"采用符合 GB/T 37092 三级及以上安全要求密码模块或通过国家密码管理部门核准的硬件密码产品，实现密码运算和密钥管理。

密码服务：信息系统中使用的密码服务应符合法律法规的相关要求。

该条款的目的是规范密码服务的使用，要求使用国家密码管理部门许可的密码服务。信息系统中采用的密码服务应取得国家密码管理部门颁发的密码服务许可证。现阶段，密码服务许可的范围还集中在较为成熟的电子认证服务行业，国家密码管理局为通过安全性审查的第三方电子认证服务提供商颁发电子认证服务使用密码许可证，若信息系统使用了第三方密码服务，则要求该服务提供方具有国家密码管理部门颁发的密码服务许可证。

（五）基本要求

信息系统密码应用基本要求划分为四个等级，密码保障能力逐级增强，相应级别的密码保障技术能力及管理能力如下（其中"可"表示可以，"宜"表示推荐、建议，"应"表示要求、应该）：

1. 物理和环境安全

采用密码技术进行物理访问实体鉴别，保证重要区域进入人员身份的真实性。（一可／三宜／四应）

采用密码技术保证电子门禁系统进出记录数据的存储完整性。（二可／三宜／四应）

采用密码技术保证视频监控音像记录数据的存储完整性。（三宜／四应）以上如采用密码服务，该密码服务应符合法律法规的相关要求，需依法接受检测认证的，应经商用密码认证机构认证合格。

以上采用的密码产品，应达到 GB/T 37092 二一（三二／四三）级及以上安全要求。

表 8-20　物理和环境安全指标项要求

	第一级	第二级	第三级	第四级
身份鉴别	可	宜	宜	应
电子门禁记录 数据存储完整性	可	可	宜	应
视频监控记录 数据存储完整性	-	-	宜	应
密码服务	应	应	应	应
密码产品	-	一级及以上	二级及以上	三级及以上

2. 网络和通信安全

采用密码技术对通信实体进行（四：双向）实体鉴别，保证通信实体身份的真实性。（一可／二宜／三应）

采用密码技术保证通信过程中数据的完整性。（二可／三宜／四应）

采用密码技术保证通信过程中重要数据的机密性。（一可／二宜／三应）

采用密码技术保证网络边界访问控制信息的完整性。（二可／三宜／四应）

采用密码技术对从外部连接到内部网络的设备进行接入认证，确保接入的设备身份真实性。（三可 / 四宜）

以上如采用密码服务，该密码服务应符合法律法规的相关要求，需依法接受检测认证的，应经商用密码认证机构认证合格。

以上采用的密码产品，应达到 GB/T 37092 二一（三二 / 四三）级及以上安全要求。

表 8-21 网络和通信安全指标项要求

	第一级	第二级	第三级	第四级
身份鉴别	可	宜	–	–
通信数据完整性	可	可	宜	应
通信过程中也要数据的机密性	可	宜	应	应
网络边界访问控制信息的完整性	可	可	宜	应
安全接入认证	–	–	可	宜
密码服务	应	应	应	应
密码产品	–	一级及以上	二级及以上	三级及以上

3. 设备和计算安全

采用密码技术对登录设备的用户进行实体鉴别，保证用户身份的真实性。（一可 / 二宜 / 三应）

远程管理设备时，应采用密码技术建立安全的信息传输通道。（三应 / 四应）

采用密码技术保证系统资源访问控制信息的完整性。（二可 / 三宜 / 四应）

采用密码技术保证设备中的重要信息资源安全标记的完整性。（三宜 / 四应）

采用密码技术保证日志记录的完整性。（二可 / 三宜 / 四应）

采用密码技术对重要可执行程序进行完整性保护，并对其来源进行真实性验证。（三宜 / 四应）

以上如采用密码服务，该密码服务应符合法律法规的相关要求，需依法接受检测认证的，应经商用密码认证机构认证合格。

以上采用的密码产品，应达到 GB/T 37092 二一（三二 / 四三）级及以上安全要求。

表 8-22　设备和计算安全指标项要求

	第一级	第二级	第三级	第四级
身份鉴别	可	宜	应	应
远程管理通道安全	–	–	应	应
系统资源访问控制信息完整性	可	可	宜	应
重要信息资源安全标记完整性	–	–	宜	应
日志记录完整性	可	可	宜	应
重要可执行程序完整性、重要可执行程序来源真实性	–	–	宜	应
密码服务	应	应	应	应
密码产品	–	一级及以上	二级及以上	三级及以上

4. 应用和数据安全

采用密码技术对登录用户进行实体鉴别，保证应用系统用户身份的真实性。（一可 / 二宜 / 三应）

采用密码技术保证信息系统应用的访问控制信息的完整性。（二可 / 三宜 / 四应）

采用密码技术保证信息系统应用的重要信息资源安全标记的完整性。（三宜 / 四应）

采用密码技术保证信息系统应用的重要数据在传输过程中的机密性。（一可／二宜／三应）

采用密码技术保证信息系统应用的重要数据在存储过程中的机密性。（一可／二宜／三应）

采用密码技术保证信息系统应用的重要数据在传输过程中的完整性。（一可／三宜／四应）

采用密码技术保证信息系统应用的重要数据在存储过程中的完整性。（一可／三宜／四应）

在可能涉及法律责任认定的应用中，三宜／四应采用密码技术提供数据原发证据和数据接收证据，实现数据原发行为的不可否认性和数据接收行为的不可否认性。

以上如采用密码服务，该密码服务应符合法律法规的相关要求，需依法接受检测认证的，应经商用密码认证机构认证合格。

以上采用的密码产品，应达到 GB/T 37092 二一（三二／四三）级及以上安全要求。

表 8-23　应用和数据安全指标项要求

	第一级	第二级	第三级	第四级
身份鉴别	可	宜	应	应
访问控制信息完整性	可	可	宜	应
重要信息资源安全标记完整性	–	–	宜	应
重要数据传输机密性	可	宜	应	应
重要数据存储机密性	可	宜	应	应
重要数据传输完整性	可	宜	宜	应
重要数据存储完整性	可	宜	宜	应
不可否认性	–	–	宜	应
密码服务	应	应	应	应

	第一级	第二级	第三级	第四级
密码产品	—	一级及以上	二级及以上	三级及以上

5. 管理制度

应具备密码应用安全管理制度，包括密码人员管理、密钥管理、建设运行、应急处置、密码软硬件及介质管理等制度。

应根据密码应用方案建立相应密钥管理规则。

应对管理人员或操作人员执行的日常管理操作建立操作规程。（二＋）

应定期对密码应用安全管理制度和操作规程的合理性和适用性进行论证和审定，对存在不足或需要改进之处进行修订。（三＋）

应明确相关密码应用安全管理制度和操作规程的发布流程并进行版本控制。（三＋）

应具有密码应用操作规程的相关执行记录并妥善保存。（三＋）

表 8-24　管理制度指标项要求

	第一级	第二级	第三级	第四级
具备密码应用安全管理制度	应	应	应	应
密钥管理规则	应	应	应	应
建立操作规程	—	应	应	应
定期修订安全管理制度	—	—	应	应
明确管理制度发布流程	—	—	应	应
制度执行过程记录留存	—	—	应	应

6. 人员管理

相关人员应了解并遵守密码相关法律法规、密码应用安全管理制度。

应建立密码应用岗位责任制度，明确各岗位在安全系统中的职责和权限。（二＋，三级以上进一步细化）

应建立上岗人员培训制度（二＋），对于涉及密码的操作和管理的人员进行专门培训，确保其具备岗位所需专业技能。

应定期对密码应用安全岗位人员进行考核。（三＋）

应及时终止离岗人员的所有密码应用相关的访问权限、操作权限。（一）

应建立关键人员保密制度和调离制度，签订保密合同，承担保密义务。（二＋）

表 8-25　人员管理指标项要求

	第一级	第二级	第三级	第四级
了解并遵守密码相关 法律法规和密码管理制度	应	应	应	应
建立密码应用岗位责任制度	—	应	应	应
建立上岗人员培训制度	—	应	应	应
定期进行安全岗位人员考核	—	—	应	应
建立关键岗位人员 保密制度和调离制度	应	应	应	应

7. 建设运行

应依据密码相关标准和密码应用需求，制定密码应用方案。

应根据密码应用方案，确定系统涉及的密钥种类、体系及其生命周期环节，各环节安全管理要求参照附录 B。

应按照密码应用方案实施建设。

投入运行前可进行密码应用安全性评估。评估通过后系统方可正式运行。（三＋）

在运行过程中，应严格执行既定的密码应用安全管理制度，应定期开展密码应用安全性评估及攻防对抗演习，并根据评估结果进行整改。（三＋）

表 8-26　建设运行指标项要求

	第一级	第二级	第三级	第四级
制定密码应用方案	应	应	应	应
制定密钥安全管理策略	应	应	应	应
制定实施方案	应	应	应	应
投入运行前进行密码应用安全性评估	可	宜	应	应
定期开展密码应用安全性评估及攻防对抗演习	—	—	应	应

8. 应急处置

可根据密码产品提供的安全策略，由用户自主处置密码应用安全事件。

（一）

应制定密码应用应急策略，做好应急资源准备，当密码应用安全事件发生时，按照应急处置措施结合实际情况及时处置。（二+）

事件发生后，应及时向信息系统主管部门进行报告。（三+）

事件处置完成后，应及时向信息系统主管部门及归属的密码管理部门报告事件发生情况及处置情况。（三+）

表 8-27　应急处置指标项要求

	第一级	第二级	第三级	第四级
应急策略	可	应	应	应
事件处置	—	—	应	应
向有关主管部门上报处置情况	—	—	应	应

二、《信息系统密码应用测评要求》（GM/T 0115— 2021）

（一）标准的适用范围

本标准规定了信息系统不同等级密码应用的测评要求，从密码算法和密码技术合规性、密钥管理安全性方面，提出了第一级到第五级的密码应用通用测评要求；从信息系统的物理和环境安全、网络和通信安全、设备和计算安全、应用和数据安全等四个技术层面提出了第一级到第四级密码应用技术的测评要求；从管理制度、人员管理、建设运行和应急处置等四个管理方面提出了第一级到第四级密码应用管理的测评要求。

本标准适用于指导、规范信息系统密码应用在规划、建设、运行环节的商用密码应用安全性评估工作。

注：第五级密码应用测评要求只在本文件中描述通用测评要求。

（二）术语和定义

GB/T 39786 和 GM/Z 4001 中界定的相关术语和定义，以及下列术语和定义适用于本文件。

（三）概述

本标准根据 GB/T 39786，将信息系统密码应用测评要求分为通用测评要求和密码应用测评要求。其中，第 5 章通用测评要求对"密码算法和密码技术合规性"和"密钥管理安全性"提出测评要求，适用于第一级到第五级的信息系统密码应用测评。第 6 章密码应用测评要求，对信息系统的物理和环境安全、网络和通信安全、设备和计算安全、应用和数据安全四个技术层面提出了第一级到第四级密码应用技术的测评要求，并对管理制度、人员管理、建设运行和应急处置四个方面提出了第一级到第四级密码应用管理的测评要求。

本文件第 5 章通用测评要求的内容不单独实施测评，也不单独体现在密码应用安全性评估报告的单元测评结果和整体测评结果中，仅供第 6 章密码应用测评要求的测评实施引用。资料性附录 A 密钥生存周期管理检查要点供 6.7.2 "制定密钥安全管理策略" 的测评实施参考。资料性附录 B 给出了典型密码产品应用测评技术，资料性附录 C 给出了典型密码功能测评技术，供密评人员在对信息系统中具体使用的密码产品或应用的密码功能进行测评实施时参考。

本文件中的测评单元对应一组相对独立和完整的测评内容，由测评指标、测评对象、测评实施和结果判定组成。

①测评指标：来源于 GB/T 39786 中各级的要求项。

② 测评对象：信息系统密码应用测评过程中不同测评方法作用的对象，包括相关配套密码产品、通用设备、人员、制度文档等。

③测评实施：针对某个测评指标，规定了信息系统密码应用的测评要点。④结果判定：根据测评实施取得的证据，判定信息系统的密码应用是否满足某个测评指标要求的方法和原则。

若测评单元涉及两个及以上测评对象，则每个测评对象需要分别进行测评实施并结果判定。测评单元的结果由该单元涉及的所有测评对象的测评实施结果汇总得出。

密评人员在开展实际测评时，对于 GB/T 39786 中的不同安全保护等级的 "可" "宜" "应" 的条款，按照如下方法确定是否将其纳入测评范围。

①对于 "可" 的条款，由信息系统责任单位自行决定是否纳入标准符合性测评范围。若纳入测评范围，则密评人员应按照第 6 章相应的测评指标要求进行测评和结果判定；否则，该测评指标为 "不适用"。

②对于 "宜" 的条款，密评人员根据信息系统的密码应用方案和方案

评审意见决定是否纳入标准符合性测评范围；若信息系统没有通过评估的密码应用方案或密码应用方案未做明确说明，则 "宜"的条款默认纳入标准符合性测评范围。若纳入测评范围，则密评人员应按照第6章相应的测评指标要求进行测评和结果判定。否则，密评人员应根据信息系统的密码应用方案和方案评审意见，在测评中进一步核实密码应用方案中所描述的风险控制措施使用条件在实际的信息系统中是否被满足，且信息系统的实施情况与所描述的风险控制措施是否一致，若满足使用条件，该测评指标为"符合"，并在密码应用安全性评估报告中体现核实过程和结果；若不满足使用条件，则应按照第6章相应的测评指标要求进行测评和结果判定。

③对于"应"的条款，密评人员应按照第5章和第6章相应的测评指标要求进行测评和结果判定；若根据信息系统的密码应用方案和方案评审意见，判定信息系统确无与某项或某些项测评指标相关的密码应用需求，则相应测评指标为"不适用"。

根据信息系统的密码应用方案和方案评审意见，若通过评估的密码应用方案中的要求，高于信息系统相对应的密码应用基本要求等级的指标要求，则应按照密码应用方案中的要求进行测评。例如，根据密码应用需求，对安全保护等级第三级的信息系统，选取了安全保护等级第四级信息系统的相关指标要求。对上述特殊情况进行测评实施的结论应体现在密码应用安全性评估报告中。

信息系统的商用密码应用测评的最终输出是密码应用安全性评估报告，在报告中应给出各个测评单元（见第6章）的测评结果、整体测评结果（见第7章），以及在进行风险分析和评价（见第8章）后给出的测评结论（见第9章）。其中，整体测评结果是以测评单元的判定结果为基础，经单元间、层面间测评相互弥补后得出的纠正结果；风险分析和评价是对整体测评结果中的不符合项和部分符合项，判断信息系统密码应用在合规性、正确性和有效性方面的不符合所产生的安全问题被威胁利用后对信息系统造成影响的程度；测评结论由综合得分以及风险分析和评价共同决定，表示信息系统达到相应密码等级保护要求的程度。

（四）通用测评要求

1. 密码算法和密码技术合规性

具体测评单元如下：

（1）测评指标

信息系统中使用的密码算法应符合法律、法规的规定和密码相关国家标准、行业标准的有关要求（第一级到第五级）。

信息系统中使用的密码技术应遵循密码相关国家标准和行业标准（第一级到第五级）。

（2）测评对象

信息系统中的密码产品、密码服务以及密码算法实现和密码技术实现。

（3）测评实施

了解系统使用的算法名称、用途、何处使用、执行设备及其实现方式（软件、硬件或固件）， 核查密码算法是否以国家标准或行业标准形式发布，或取得国家密码管理部门同意其使用的证明文件。核查系统所使用的密码技术是否以国家标准或行业标准形式发布。

（4）结果判定

本单元测评指标不单独判定符合性。

2. 密钥管理安全性

具体测评单元如下：

（1）测评指标

信息系统中使用的密码产品、密码服务应符合法律法规的相关要求（第一级到第五级）。

◎采用的密码产品，达到 GB/T 37092 一级及以上安全要求。（第二级）

◎采用的密码产品，达到 GB/T 37092 二级及以上安全要求。（第三级）

◎采用的密码产品，达到 GB/T 37092 三级及以上安全要求。（第四级）

◎采用的密码服务，符合法律法规的相关要求，需依法接受检测认证的，应经商用密码认证机构认证合格。（第一级到第四级）

（2）测评对象

信息系统中的密钥体系，以及相应的密码产品、密码服务、密码算法实现和密码技术实现。

（3）测评实施

①核查信息系统中密钥体系中的密钥（除公钥外）是否不能被非授权访问、使用、泄露、修改和替换，公钥是否不能被非授权修改和替换。

②核查信息系统中用于密钥管理和密码计算的密码产品是否符合法律法规的相关要求，需依法接受检测认证的，核查是否经商用密码认证机构认证合格。了解密码产品的型号和版本等配置信息，核查密码产品是否符合 GB/T 37092 相应安全等级及以上安全要求，并核查密码产品的使用是否满足其安全运行的前提条件（如其安全策略或使用手册说明的部署条件）。

③核查信息系统中用于密钥管理和密码计算的密码服务是否符合法律法规的相关要求，需依法接受检测认证的，核查是否经商用密码认证机构认证合格。

（4）结果判定

本单元测评指标不单独判定符合性。

（五）密码应用测评要求

密码应用测评从物理和环境安全、网络和通信安全、设备和计算安全、应用和数据安全、管理制度、人员管理、建设运行、应急处置 8 个方面逐一展开。

1. 物理和环境安全

表 8-28　物理和环境安全测评

测评单元	测评对象	测评内容
身份鉴别	机房等重要区域、电子门禁系统	①核查是否符合通用测评要求中"密码算法和密码技术合规性"的测评要求
		②核查是否符合通用测评要求中"密钥管理安全性"的测评要求
		③核查电子门禁系统是否采用动态口令机制、基于对称密码算法或密码杂凑算法的消息鉴别码（MAC）机制、基于公钥密码算法的数字签名机制等密码技术对重要区域进入人员进行身份鉴别，并验证进入人员身份真实性实现机制是否正确和有效
		④核查电子门禁系统后台配置，并截取相关关键数据，作为证据材料。 ⑤可以抓取电子门禁系统后台与门禁系统的通信数据进一步分析验证
电子门禁记录数据存储完整性	机房等重要区域、电子门禁系统	①核查是否符合通用测评要求中"密码算法和密码技术合规性"的测评要求
		②核查是否符合通用测评要求中"密钥管理安全性"的测评要求
		③核查是否采用基于对称密码算法或密码杂凑算法的消息鉴别码（MAC）机制、基于公钥密码算法的数字签名机制等密码技术对电子门禁系统进出记录数据进行存储完整性保护，并验证完整性保护机制是否正确和有效
		④查验受测电子门禁系统后台配置，是否采用密码技术的完整性服务来确保电子门禁系统进出记录的完整性，并截取相关关键数据，作为证据材料。 ⑤测评人员可尝试对门禁系统进出记录进行篡改（如删除或修改进出记录）验证系统中的完整性保护功能是否有效。如果采用的是数字签名算法进行完整性保护，在已知消息或消息摘要情况下，可以使用公钥对这些记录的数字签名进行验证

续表

测评单元	测评对象	测评内容
视频监控记录数据存储完整性	机房等重要区域、视频监控系统	①核查是否符合通用测评要求中"密码算法和密码技术合规性"的测评要求
		②核查是否符合通用测评要求中"密钥管理安全性"的测评要求
		③核查是否采用基于对称密码算法或密码杂凑算法的消息鉴别码（MAC）机制、基于公钥密码算法的数字签名机制等密码技术对视频监控音像记录数据进行存储完整性保护，并验证完整性保护机制是否正确和有效
		④查验视频监控音像记录数据中密码应用的正确性和有效性；并截取相关关键数据，作为证据材料。⑤测评人员可尝试对记录进行篡改（如删除或篡改视频监控音像记录），验证系统中的完整性保护功能能是否有效

2. 网络和通信安全

表 8-29　网络和通信安全测评

测评单元	测评对象	测评内容
身份鉴别	网络通信信道、设备或组件、密码产品	①核查是否符合通用测评要求中"密码算法和密码技术合规性"的测评要求
		②核查是否符合通用测评要求中"密钥管理安全性"的测评要求
		③核查是否采用动态口令机制、基于对称密码算法或密码杂凑算法的消息鉴别码（MAC）机制、基于公钥密码算法的数字签名机制等密码技术对通信实体进行身份鉴别，并验证通信实体身份真实性实现机制是否正确和有效

测评单元	测评对象	测评内容
		④通过镜像抓包查验通信主体身份鉴别功能的正确性和有效性；并截取相关关键数据，作为证据材料。如果以自建 ca 形式产生数字证书，则应该检查 PKI 的部署方式和证书的管理方式是否符合 GM/T 0034 标准的规定，并对密码技术和密码产品进行核查；如果采用了第三方的电子认证服务，则应进行密码服务核查。若没有采用数字证书方式进行实体标识绑定，则应确认其绑定方式的合理性和可行性，以及在实际部署过程的安全性
		⑤通过镜像抓包查看身份鉴别机制密码算法、密码协议是否符合《信息技术安全技术实体鉴别》（GM/T 15843）、《SM2 密码算法使用规范》（GM/T0009—2012）等有关密码国家标准和行业标准，并截取相关关键数据，作为证据材料
		⑥采用 IPSec/SSL VPN、安全认证网关等密码产品进行身份鉴别的信息系统，主要确认密码产品使用的合规，正确，有效。合规性：检查密码设备是否获得国家密码管理部门颁发的密码产品型号证书；正确性：核查密码设备的相关配置是否起到身份鉴别功能；有效性：查看并通过专用工具验证密码设备是否进行了身份鉴别；并截取相关关键数据，作为证据材料
通信数据完整性	网络通信信道、设备或组件、密码产品	①核查是否符合通用测评要求中"密码算法和密码技术合规性"的测评要求
		②核查是否符合通用测评要求中"密钥管理安全性"的测评要求
		③核查是否采用基于对称密码算法或密码杂凑算法的消息鉴别码（MAC）机制、基于公钥密码算法的数字签名机制等密码技术对通信过程中的数据进行完整性保护，并验证通信数据完整性保护机制是否正确和有效

测评单元	测评对象	测评内容
		④查验通信过程中数据完整性保护的正确性和有效性：并截取相关关键数据，作为证据材料。对于通信数据，可以采用网络抓包的方式对完整性保护的有效性进行验证。例如，对于标准的 IPSec 或 SSL，可以通过端口扫描方式确认相关端口是否被打开，并对会话建立阶段的数据包进行捕获分析，识别密码算法（套件）标识，确认密码算法和协议的合规性。如果采用数字签名进行完整性保护，在已知消息或消息摘要的情况下，可以使用公钥对这些访问控制信息的数字签名进行验证
通信数据机密性	网络通信信道、设备或组件、密码产品	①核查是否符合通用测评要求中"密码算法和密码技术合规性"的测评要求
		②核查是否符合通用测评要求中"密钥管理安全性"的测评要求
		③核查是否采用密码技术的加解密功能对通信过程中敏感信息或通信报文进行机密性保护，并验证敏感信息或通信报文机密性保护机制是否正确和有效
		④查验受测通信过程中数据机密性保护的正确性和有效性：并截取相关关键数据，作为证据材料。对于通信数据，可以采用网络抓包的方式对机密性保护的有效性进行验证，例如密文的格式应当符合预期；对于标准的 IPSec 或 SSL 协议，还可以通过端口扫描方式确认相关端口是否打开，并对会话建立阶段的数据包进行捕获分析，识别密码算法（套件）标识，确认密码算法和协议的合规性
网络边界访问控制信息的完整性	网络通信信道、设备或组件、密码产品	①核查是否符合通用测评要求中"密码算法和密码技术合规性"的测评要求
		②核查是否符合通用测评要求中"密钥管理安全性"的测评要求

续表

测评单元	测评对象	测评内容
		③核查是否采用基于对称密码算法或密码杂凑算法的消息鉴别码（MAC）机制、基于公钥密码算法的数字签名机制等密码技术对网络边界访问控制信息进行完整性保护，并验证网络边界访问控制信息完整性保护机制是否正确和有效
		④在条件允许的情况下，可以要求修改访问控制信息、MAC 值或数字签名结果来验证完整性保护措施的有效性。如果采用的是数字签名算法进行完整性保护，在已知消息或消息摘要情况下，可以使用公钥对这些访问控制信息的数字签名进行验证
安全接入认证	内部网络、设备入网接入认证功能的设备或组件、密码产品。	①核查是否符合通用测评要求中"密码算法和密码技术合规性"的测评要求
		②核查是否符合通用测评要求中"密钥管理安全性"的测评要求
		③核查是否采用动态口令机制、基于对称密码算法或密码杂凑算法的消息鉴别码（MAC）机制、基于公钥密码算法的数字签名机制等密码技术对从外部连接到内部网络的设备进行接入认证，并验证安全接入认证机制是否正确和有效
		④在条件允许的情况下，测评人员可尝试将未授权设备接入内部网络，核实即便非授权设备使用了合法 IP 地址，也无法访问内部网络

3. 设备和计算安全

表 8-30　设备和计算安全测评

测评单元	测评对象	测评内容
		①核查是否符合通用测评要求中"密码算法和密码技术合规性"的测评要求

测评单元	测评对象	测评内容
身份鉴别	通用设备（及其操作系统、数据库管理系统）、网络及安全设备、密码设备、各类虚拟设备、提供身份鉴别功能的密码产品	②核查是否符合通用测评要求中"密钥管理安全性"的测评要求：密码设备/产品是否有《商用密码产品认证证书》，并且在有效期内。实地查看并对密码设备/产品进行拍照，核对设备是否一致。密码服务是否有电子认证服务许可证和电子认证服务使用密码许可证，或电子政务电子认证服务机构
		核查是否采用动态口令机制、基于对称密码算法或密码杂凑算法的消息鉴别码（MAC）机制、基于公钥密码算法的数字签名机制等密码技术对设备操作人员等登录设备的用户进行身份鉴别，并验证登录设备的用户身份真实性实现机制是否正确和有效
		④登录设备过程使用工具抓包，核查对用户进行身份标识和鉴别正确性和有效性，有两个方面检查内容：一是检查实体标识与鉴别信息的绑定方式是否合规、安全。若采用了第三方的电子认证服务，则应进行密码服务核查。如果没有采用数字证书方式进行实体标识，则应确认其绑定方式的合理性和可行性，以及实际部署过程的安全性。二是要对鉴别方式进行检测，确认信息系统采用的鉴别机制是否符合相关标准（如GB/T15843）的规定，是否能够实现防截获、防假冒和防重用等
远程管理通道安全	通用设备、网络及安全设备、密码设备、各类虚拟设备、提供安全的信息传输通道的密码产品	①核查是否符合通用测评要求中"密码算法和密码技术合规性"的测评要求

测评单元	测评对象	测评内容
		②核查是否符合通用测评要求中"密钥管理安全性"的测评要求
		③核查远程管理时是否采用密码技术建立安全的信息传输通道，包括身份鉴别、传输数据机密性和完整性保护，并验证远程管理信道所采用密码技术实现机制是否正确和有效
		④查验远程管理所采用的密码机制是否正确有效：对于标准的 IPSec 或 SSL 协议，通过端口扫描方式确认相关端口是否被打开，并对会话建立阶段的数据包进行捕获分析，识别密码算法（套件）标识，确认密码算法和协议的合规性；当远程管理设备输入鉴别信息（如口令）后，确认通信链路上没有出现明文的鉴别信息
系统资源访问控制信息完整性	通用设备（及其操作系统、数据库管理系统）、网络及安全设备、密码设备、各类虚拟设备、提供完整性保护功能的密码产品	①核查是否符合通用测评要求中"密码算法和密码技术合规性"的测评要求
		②核查是否符合通用测评要求中"密钥管理安全性"的测评要求
		③核查是否采用基于对称密码算法或密码杂凑算法的消息鉴别码（MAC）机制、基于公钥密码算法的数字签名机制等密码技术对设备上系统资源访问控制信息进行完整性保护，并验证系统资源访问控制信息完整性保护机制是否正确和有效
		④在条件允许的情况下，可尝试篡改访问控制信息、MAC 值或数字签名结果来验证完整性保护措施的有效性。如果采用的数字签名算法进行完整性保护，在已知消息或消息摘要情况下，可以使用公钥对这些访问控制信息的数字签名进行验证；并截取相关关键数据，作为证据材料

续表

测评单元	测评对象	测评内容
重要信息资源安全标记完整性	通用设备（及其操作系统、数据库管理系统）、网络及安全设备、密码设备、各类虚拟设备、提供完整性保护功能的密码产品	①核查是否符合通用测评要求中"密码算法和密码技术合规性"的测评要求
		②核查是否符合通用测评要求中"密钥管理安全性"的测评要求
		③核查是否采用基于对称密码算法或密码杂凑算法的消息鉴别码（MAC）机制、基于公钥密码算法的数字签名机制等密码技术对设备中的重要信息资源安全标记进行完整性保护，并验证安全标记完整性保护机制是否正确和有效
		④在条件允许的情况下，可尝试篡改重要信息资源敏感标记、MAC 值或数字签名结果来验证完整性保护措施的有效性。如果采用的数字签名算法进行完整性保护，在已知消息或消息摘要情况下，可以使用公钥对这些敏感标记的数字签名进行验证；并截取相关关键数据，作为证据材料
日志记录完整性	通用设备（及其操作系统、数据库管理系统）、网络及安全设备、密码设备、各类虚拟设备、提供完整性保护功能的密码产品	①核查是否符合通用测评要求中"密码算法和密码技术合规性"的测评要求
		②核查是否符合通用测评要求中"密钥管理安全性"的测评要求
		③核查是否采用基于对称密码算法或密码杂凑算法的消息鉴别码（MAC）机制、基于公钥密码算法的数字签名机制等密码技术对设备运行的日志记录进行完整性保护，并验证日志记录完整性保护机制是否正确和有效
		④在条件允许的情况下，可尝试篡改日志记录、MAC 值或数字签名结果来验证完整性保护措施的有效性。如果采用的是数字签名算法进行完整性保护，在已知消息或消息摘要情况下，可以使用公钥对这些日志记录的数字签名进行验证
		①核查是否符合通用测评要求中"密码算法和密码技术合规性"的测评要求

续表

测评单元	测评对象	测评内容
重要可执行程序完整性、重要可执行程序来源真实性	通用设备（及其操作系统、数据库管理系统）、网络及安全设备、密码设备、各类虚拟设备、提供完整性保护和来源真实性功能的密码产品	②核查是否符合通用测评要求中"密钥管理安全性"的测评要求
		③核查是否采用密码技术对重要可执行程序进行完整性保护并实现其来源的真实性保护，并验证重要可执行程序完整性保护机制和其来源真实性实现机制是否正确和有效
		④检查信任链内的密钥体系是否合理，信任锚的保护方式是否安全，是否存在该信任机制被绕过的可能。对设备重要程序或文件
		⑤查看并验证在系统运行过程中重要程序或文件完整性保护技术及实现机制的正确性和有效性，在条件允许的情况下，可尝试在系统运行过程中对重要程序或文件进行篡改（例如修改签名结果），验证保护方式是否有效。如果采用的是数字签名算法进行完整性保护，在已知消息或消息摘要情况下，可以使用公钥对这些设备重要文件的数字签名进行验证。并截取相关关键数据，作为证据材料

4. 应用和数据安全

表 8-31　应用和数据安全评测

测评单元	测评对象	测评内容
身份鉴别	业务应用、提供身份鉴别功能的密码产品	①核查是否符合通用测评要求中"密码算法和密码技术合规性"的测评要求
		②核查是否符合通用测评要求中"密钥管理安全性"的测评要求
		③核查应用系统是否采用动态口令机制、基于对称密码算法或密码杂凑算法的消息鉴别码（MAC）机制、基于公钥密码算法的数字签名机制等密码技术对登录用户进行身份鉴别，并验证应用系统用户身份真实性实现机制是否正确和有效

续表

测评单元	测评对象	测评内容
		④核查数字证书的使用是否符合 GM/T 0034 的要求。如果采用其他外带方式实现公钥与实体的绑定，要确认绑定方式的安全性和合理性
		⑤采用口令鉴别的方式进行用户身份鉴别的，要确认在口令鉴别过程是否能够防截获、防假冒和防重用，即要对口令鉴别过程中采用的密码保护技术的有效性进行验证
访问控制信息完整性	业务应用、提供完整性保护功能的密码产品	①核查是否符合通用测评要求中"密码算法和密码技术合规性"的测评要求
		②核查是否符合通用测评要求中"密钥管理安全性"的测评要求
		③核查信息系统是否采用基于对称密码算法或密码杂凑算法的消息鉴别码（MAC）机制、基于公钥密码算法的数字签名机制等密码技术对应用的访问控制信息进行完整性保护，并验证应用的访问控制信息完整性保护机制是否正确和有效
		④在条件允许的情况下，可尝试篡改这些受保护的信息、MAC 值或数字签名结果来验证完整性保护措施的有效性。如果采用的是数字签名算法进行完整性保护，在已知消息或消息摘要情况下，可以使用公钥对这些访问控制信息和敏感标记的数字签名进行验证
重要信息资源安全标记完整性	业务应用、提供完整性保护功能的密码产品	①核查是否符合通用测评要求中"密码算法和密码技术合规性"的测评要求
		②核查是否符合通用测评要求中"密钥管理安全性"的测评要求
		③核查应用系统是否采用基于对称密码算法或密码杂凑算法的消息鉴别码（MAC）机制、基于公钥密码算法的数字签名机制等密码技术对应用的重要信息资源安全标记进行完整性保护，并验证安全标记完整性保护机制是否正确和有效

续表

测评单元	测评对象	测评内容
重要数据传输机密性	业务应用、提供机密性保护功能的密码产品	①核查是否符合通用测评要求中"密码算法和密码技术合规性"的测评要求
		②核查是否符合通用测评要求中"密钥管理安全性"的测评要求
		③核查应用系统是否采用密码技术的加解密功能对重要数据在传输过程中进行机密性保护，并验证传输数据机密性保护机制是否正确和有效
		④通过采用嗅探抓包的方式抓取传输过程中的数据包，查验业务系统中重要数据在传输过程中机密性保护的正确性和有效性；并截取相关关键数据，作为证据材料
重要数据存储机密性	业务应用、提供机密性保护功能的密码产品	①核查是否符合通用测评要求中"密码算法和密码技术合规性"的测评要求
		②核查是否符合通用测评要求中"密钥管理安全性"的测评要求
		③核查应用系统是否采用密码技术的加解密功能对重要数据在存储过程中进行机密性保护，并验证存储数据机密性保护机制是否正确和有效
		④查验业务系统中重要数据在存储过程中机密性保护的正确性和有效性；并截取相关关键数据，作为证据材料。对于采用存储在外部具有商用密码产品型号的存储加密设备中或利用外部服务器密码机加密后再存储到本地设备中这两种方式的，可以抓取进出外部密码设备的数据或查阅密码设备的日志以确定存储数据保护机制的有效性
重要数据传输完整性	业务应用、提供完整性保护功能的密码产品	①核查是否符合通用测评要求中"密码算法和密码技术合规性"的测评要求
		②核查是否符合通用测评要求中"密钥管理安全性"的测评要求
		③核查应用系统是否采用基于对称密码算法或密码杂凑算法的消息鉴别码（MAC）机制、基于公钥密码算法的数字签名机制等密码技术对重要数据在传输过程中进行完整性保护，并验证传输数据完整性保护机制是否正确和有效

测评单元	测评对象	测评内容
		④查看并验证业务系统中重要是数据在传输过程之中完整性保护的正确性和有效性。可以采用网络抓包的方式对完整性保护的有效性进行确认。如果采用的是数字签名算法进行完整性保护，在已知消息或消息摘要的情况下，可以使用公钥对这些传输数据的数字签名进行验证。在条件允许的情况下，应测试对传输过程之中的重要信息进行篡改，查看是否能够检测到数据在传输过程中的完整性受到破坏并能够及时恢复
重要数据存储完整性	业务应用、提供完整性保护功能的密码产品	①核查是否符合通用测评要求中"密码算法和密码技术合规性"的测评要求
		②核查是否符合通用测评要求中"密钥管理安全性"的测评要求
		③核查应用系统是否采用基于对称密码算法或密码杂凑算法的消息鉴别码（MAC）机制、基于公钥密码算法的数字签名机制等密码技术对重要数据在存储过程中进行完整性保护，并验证存储数据完整性保护机制是否正确和有效
		④查验业务系统中重要数据在存储过程中完整性保护的正确性和有效性；对于采用加密硬盘进行完整性保护的，可读出硬盘中的数据以确定存储数据保护机制的有效性。对于采用存储在外部的存储加密设备中或利用服务器密码机加密后再存储到本地设备中这两种方式的，可以抓取进出外部密码设备的数据或查阅密码设备的日志以确定存储数据保护功能是否有效。在条件允许的情况下，测评人员可以破坏存储的完整性，查看是否能够检测到数据在存储过程中的完整性受到破坏并能够及时恢复，验证系统中的完整性保护功能是否有效。如果采用的是数字签名技术进行完整性保护，在已知消息或消息摘要情况下，可以使用公钥对这些存储数据的数字签名进行验证。并截取相关关键数据，作为证据材料

续表

测评单元	测评对象	测评内容
不可否认性	业务应用、提供不可否认性功能的密码产品	①核查是否符合通用测评要求中"密码算法和密码技术合规性"的测评要求
		②核查是否符合通用测评要求中"密钥管理安全性"的测评要求
		③核查应用系统是否采用基于公钥密码算法的数字签名机制等密码技术对数据原发行为和接收行为实现不可否认性，并验证不可否认性实现机制是否正确和有效
		④如采用的是数字签实现抗抵赖性，在已知消息或消息摘要的情况下，可以使用公钥对这些传输数据的数字签名进行验证。抓取通信数据提取传输的签名值，查看签名值长度是否符合国密算法的签名特征
		⑤检测传输数据是否能够抵御篡改攻击。在条件允许的情况下，应测试对传输数据进行篡改，查看是否能够抵御篡改攻击

5.管理制度

表 8-32 管理制度评测

测评单元	测评对象	测评内容
具备密码应用安全管理制度	安全管理制度类文档	核查各项安全管理制度是否包括密码人员管理、密钥管理、建设运行、应急处置、密码软硬件及介质管理等制度
密钥管理规则	密码应用方案、密钥管理制度及策略类文档	核查是否有通过评估的密码应用方案，并核查是否根据密码应用方案建立相应密钥管理规则（如密钥管理制度及策略类文档中的密钥全生存周期的安全性保护相关内容）且对密钥管理规则进行评审，以及核查信息系统中密钥是否按照密钥管理规则进行生存周期的管理

测评单元	测评对象	测评内容
建立操作规程	操作规程类文档	核查是否对密码相关管理人员或操作人员的日常管理操作建立操作规程
定期修订安全管理制度	安全管理制度类文档、操作规程类文档、记录表单类文档	核查是否定期对密码应用安全管理制度和操作规程的合理性和适用性进行论证和审定；对经论证和审定后存在不足或需要改进的密码应用安全管理制度和操作规程，核查是否具有修订记录
明确管理制度发布流程	安全管理制度类文档、操作规程类文档、记录表单类文档	核查相关密码应用安全管理制度和操作规程是否具有相应明确的发布流程和版本控制
制度执行过程记录留存	安全管理制度类文档、记录表单类文档	核查是否具有密码应用操作规程执行过程中留存的相关执行记录文件

6. 人员管理

表 8-33　人员管理评测

测评单元	测评对象	测评内容
了解并遵守密码相关法律法规和密码管理制度	系统相关人员（包括系统负责人、安全主管、密钥管理员、密码审计员、密码操作员等）	核查系统相关人员是否了解并遵守密码相关法律法规和密码应用安全管理制度
		核查是否建立了密码应用岗位责任制度，安全管理制度中是否明确了各岗位在安全系统中的职责和权限
		核查安全管理制度类文档是否根据密码应用的实际情况，设置密钥管理员、密码审计员、密码操作员等关键安全岗位并定义岗位职责；核查是否对关键岗位建立多人共管机制，并确认密钥管理员岗位人员是否不兼任密码审计员、密码操作员等关键安全岗位；核查相关设备与系统的管理和使用账号是否有多人共用情况

续表

测评单元	测评对象	测评内容
建立密码应用岗位责任制度	安全管理制度类文档、系统相关人员(包括系统负责人、安全主管、密钥管理员、密码审计员、密码操作员等)	核查安全管理制度类文档是否根据密码应用的实际情况,设置密钥管理员、密码审计员、密码操作员等关键安全岗位并定义岗位职责;核查是否对关键岗位建立多人共管机制,并确认密钥管理员岗位人员是否不兼任密码审计员、密码操作员等关键安全岗位;核查相关设备与系统的管理和使用账号是否有多人共用情况;核查密钥管理员和密码操作员是否由本机构的正式人员担任,是否具有人员录用时对录用人身份、背景、专业资格和资质等进行审查的相关文档或记录等
建立上岗人员培训制度	安全管理制度类文档、记录表单类文档、系统相关人员(包括系统负责人、安全主管、密钥管理员、密码审计员、密码操作员等)	核查安全教育和培训计划文档是否具有针对涉及密码的操作和管理的人员的培训计划;核查安全教育和培训记录是否有密码培训人员、密码培训内容、密码培训结果等的描述
定期进行安全岗位人员考核	安全管理制度类文档、记录表单类文档、系统相关人员(包括系统负责人、安全主管、密钥管理员、密码审计员、密码操作员等)	核查安全管理制度文档是否包含具体的人员考核制度和惩戒措施;核查人员考核记录内容是否包括安全意识、密码操作管理技能及相关法律法规;核查记录表单类文档确认是否定期进行岗位人员考核
建立关键岗位人员保密制度和调离制度	安全管理制度类文档、记录表单类文档、系统相关人员(包括系统负责人、安全主管、密钥管理员、密码审计员、密码操作员等)	核查人员离岗时是否具有及时终止其所有密码应用相关的访问权限、操作权限的记录
		核查人员离岗的管理文档是否规定了关键岗位人员保密制度和调离制度等;核查保密协议是否有保密范围、保密责任、违约责任、协议的有效期限和责任人的签字等内容

7. 建设运行

表 8-34　建设运行测评

测评单元	测评对象	测评内容
制定密码应用方案	密码应用方案	核查在信息系统规划阶段，是否依据密码相关标准和信息系统密码应用需求，制定密码应用方案，并核查方案是否通过评估
制定密钥安全管理策略	密码应用方案、密钥管理制度、策略类文档	核查是否有通过评估的密码应用方案，并核查是否根据密码应用方案，确定系统涉及的密钥种类、体系及其生存周期环节；若信息系统没有相应的密码应用方案，则参照"6 密钥生存周期管理检查要点"核查密钥生存周期的各个环节是否符合要求
制定实施方案	密码实施方案	核查是否有通过评估的密码应用方案，并核查是否按照密码应用方案，制定密码实施方案
投入运行前进行密码应用安全性评估	密码应用安全性评估报告、系统负责人	核查信息系统投入运行前，是否组织进行密码应用安全性评估；核查是否具有系统投入运行前编制的密码应用安全性评估报告
		核查信息系统投入运行前，是否组织进行密码应用安全性评估；核查是否具有系统投入运行前编制的密码应用安全性评估报告且系统通过评估
定期开展密码应用安全性评估及攻防对抗演习	密码应用安全管理制度、密码应用安全性评估报告、攻防对抗演习报告、整改文档	核查信息系统投入运行后，责任单位是否严格执行既定的密码应用安全管理制度，定期开展密码应用安全性评估及攻防对抗演习，并具有相应的密码应用安全性评估报告及攻防对抗演习报告；核查是否根据评估结果制定整改方案，并进行相应整改

8. 应急处置

表 8-35　应急处置评测

测评单元	测评对象	测评内容
应急策略	密码应用应急处置方案、应急处置记录类文档	核查用户是否根据密码产品提供的安全策略处置密码应用安全事件
		核查是否根据密码应用安全事件等级制定了相应的密码应用应急策略并对应急策略进行评审，应急策略中是否明确了密码应用安全事件发生时的应急处理流程及其他管理措施，并遵照执行；若发生过密码应用安全事件，核查是否具有相应的处置记录
		核查是否根据密码应用安全事件等级制定了相应的密码应用应急策略并对应急策略进行评审，应急策略中是否明确了密码应用安全事件发生时的应急处理流程及其他管理措施，并遵照执行；若发生过密码应用安全事件，核查是否立即启动应急处置措施并具有相应的处置记录
事件处置	密码应用应急处置方案、安全事件报告	核查密码应用安全事件发生后，是否及时向信息系统主管部门进行报告
		核查密码应用安全事件发生后，是否及时向信息系统主管部门及归属的密码管理部门进行报告
向有关主管部门上报处置情况	密码应用应急处置方案、安全事件发生情况及处置情况报告	核查密码应用安全事件处置完成后，是否及时向信息系统主管部门及归属的密码管理部门报告事件发生情况及处置情况，如事件处置完成后，向相关部门提交安全事件发生情况及处置情况报告

（六）整体测评

1. 概述

整体测评应从单元间、层面间等方面进行测评和综合安全分析。整体测评包括单元间测评和层面间测评。

单元间测评是指对同一安全层面内的两个或者两个以上不同测评单元间的关联进行测评分析，其目的是确定这些关联对信息系统整体密码应用防护能力的影响。

层面间测评是指对不同安全层面之间的两个或者两个以上不同测评单元间的关联进行测评分析，其目的是确定这些关联对信息系统整体密码应用防护能力的影响。

2. 单元间测评

在单元测评完成后，如果信息系统的某个测评单元的结果判定存在不符合或部分符合，应进行单元间测评，重点分析信息系统中是否存在单元间的相互弥补作用。

根据测评分析结果，综合判定该测评单元所对应的信息系统密码应用防护能力是否缺失，经过综合分析如果单元测评中的不符合项或部分符合项不造成信息系统整体密码应用防护能力的缺失，则对该测评单元的测评结果予以调整。

3. 层面间测评

在单元测评完成后，如果信息系统的某个测评单元的结果判定存在不符合或部分符合，应进行层面间测评，重点分析信息系统中是否存在层面间的相互弥补作用。

根据测评分析结果，综合判定该测评单元所对应的信息系统密码应用防护能力是否缺失，如果经过综合分析单元测评中的不符合项或部分符合项不造成信息系统整体密码应用防护能力的缺失，则对该测评单元的测评结果予以调整。

（七）风险分析和评价

密码应用安全性评估报告中应对整体测评之后单元测评结果中的不符合项或部分符合项进行风险分析和评价。

采用风险分析的方法，针对单元测评结果中存在的不符合项或部分符合项，分析所产生的安全问题被威胁利用的可能性，判断信息系统密码应用在合规性、正确性和有效性方面的不符合所产生的安全问题被威胁利用后对信息系统造成影响的程度，以及受到威胁利用的资产自身价值，综合评价这些不符合项或部分符合项对信息系统造成的安全风险。

对于高风险的判定依据，可参考其他相关标准或文件，对未满足密码应用的合规性、正确性、有效性，或未使用经国家密码管理部门核准的密码技术且存在明显安全风险等措施，应结合具体业务场景做出高风险判定。

（八）测评结论

密码应用安全性评估报告应给出信息系统的测评结论，确认信息系统达到相应等级保护要求的程度。

应结合整体测评和对单元测评结果的风险分析给出测评结论。

①符合：信息系统中未发现安全问题，测评结果中所有单元测评结果中部分符合和不符合项的统计结果全为0，综合得分为100分。

②基本符合：信息系统中存在安全问题，部分符合和不符合项的统计结果不全为0，但存在的安全问题不会导致信息系统面临高等级安全风险，且综合得分不低于阈值。

③不符合：信息系统中存在安全问题，部分符合项和不符合项的统计结果不全为 0，而且存在的安全问题会导致信息系统面临高等级安全风险，或综合得分低于阈值。

三、《信息系统密码应用测评过程指南》（GM/T 0116—2021）

（一）标准的适用范围

本标准规定了信息系统密码应用的测评过程，规范了测评活动及其工作任务。本标准适用于商用密码应用安全性评估机构、信息系统责任单位开展密码应用安全性评估工作。

（二）术语和定义

GB/T 25069 – 2010 和 GM/Z 4001 – 2013 中界定的相关术语和定义以及下列术语和定义适用于本标准。

1. 测评方（testing and evaluation agency）

对信息系统开展密码应用安全性评估（简称"密评"）的主体，具体可以是商用密码应用安全性评估机构或信息系统责任单位。

2. 被测单位（agency under testing and evaluation）

信息系统责任单位。

3. 商用密码应用安全性评估人员（commercial cryptography application security evaluation staff）

简称"密评人员"，是指测评方中从事测评活动的人员。

（三）概述

1. 基本原则

测评方对信息系统开展密评时，应遵循以下原则：

（1）客观公正性原则

测评实施过程中，测评方应保证在符合国家密码主管部门要求及最小主观判断情形下，按照与被测单位共同认可的密评方案，基于明确定义的测评方式和解释，实施测评活动。

（2）可重用性原则

测评工作可重用已有测评结果，包括商用密码检测认证结果和密码应用安全性评估的测评结果等。所有重用结果都应以已有测评结果仍适用于当前被测信息系统为前提，并能够客观反映系统当前的安全状态。

（3）可重复性和可再现性原则

依照同样的要求，使用同样的测评方法，在同样的环境下，不同的密评人员对每个测评实施过程的重复执行应得到同样的结果。可重复性和可再现性的区别在于，前者关注同一密评人员测评结果的一致性，后者则关注不同密评人员测评结果的一致性。

（4）结果完善性原则

在正确理解 GB/T 39786 各个要求项内容的基础之上，测评所产生的结果应客观反映信息系统的密码应用现状。测评过程和结果应基于正确的测评方法，以确保其满足要求。

2. 测评风险识别

测评工作的开展可能会给被测信息系统带来一定风险，测评方应在测评开始前及测评过程中及时进行风险识别。在测评过程中，面临的风险主要包括：

①验证测试可能影响被测信息系统正常运行。在现场测评时，需对设备和系统进行一定的验证测试工作，部分测试内容需上机查看信息，可能对被测信息系统的运行造成不可预期的影响。

②工具测试可能影响被测信息系统正常运行。在现场测评时，根据实际需要可能会使用一些测评工具进行测试。测评工具使用时可能会产生冗余数据写入，同时可能会对系统的负载造成一定的影响，进而对被测信息系统中的服务器和网络通信造成一定影响甚至损害。

③可能导致被测信息系统敏感信息泄漏。测评过程中，可能泄露被测信息系统的敏感信息，如加密机制、业务流程、安全机制和有关文档信息等。

④其他可能面临的风险。在测评过程中，也可能出现影响被测信息系统可用性、机密性和完整性的风险。

3. 测评风险规避

在测评过程中，可以通过采取以下措施规避风险：

（1）签署委托测评协议书

在测评工作正式开始之前，测评方和被测单位需要以委托协议的方式，明确测评工作的目标、范围、人员组成、计划安排、执行步骤和要求以及双方的责任和义务等，使得测评双方对测评过程中的基本问题达成共识。

（2）签署保密协议

测评相关方应签署合乎法律规范的保密协议，规定测评相关方在保密方面的权利、责任与义务。

（3）签署现场测评授权书

现场测评之前，测评方应与被测单位签署现场测评授权书，要求测评相关方对系统及数据进行备份，采取适当的方法进行风险规避，并针对可能出现的事件制定应急处理方案。

（4）现场测评要求

需进行验证测试和工具测试时，应避开被测信息系统业务高峰期，在系统资源处于空闲状态时进行测试，或配置与被测信息系统一致的模拟（仿真）环境，在模拟（仿真）环境下开展测评工作；需进行上机验证测试时，密评人员应提出需要验证的内容，由被测单位的技术人员进行实际操作。整个现场测评过程，由被测单位和测评方相关人员进行全程监督。

测评工作完成后，密评人员应交回在测评过程中获取的所有特权，归还测评过程中借阅的相关资料文档，并将测评现场环境恢复至测评前状态。

4. 测评过程

（1）测评过程概述

在测评活动开展前，需要对被测信息系统的密码应用方案进行评估，通过评估的密码应用方案可以作为测评实施的依据。

测评过程包括四项基本测评活动：测评准备活动、方案编制活动、现场测评活动、分析与报告编制活动。测评方与被测单位之间的沟通与洽谈应贯穿整个测评过程。测评过程如图8-6所示。

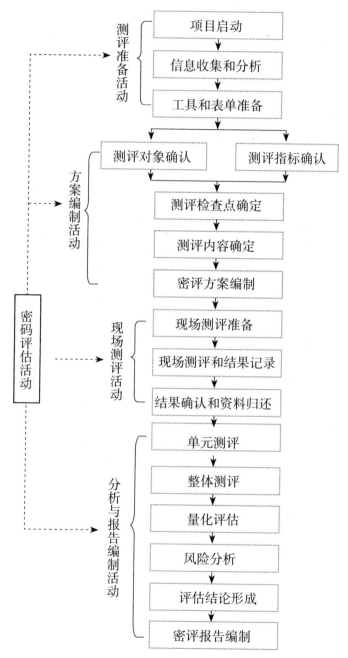

图8-6 测评过程工作流程图

（2）测评准备活动

本活动是开展测评工作的前提和基础，主要任务是掌握被测信息系统的详细情况，准备测评工具，为编制密评方案做好准备。

（3）方案编制活动

本活动是开展测评工作的关键活动，主要任务是确定与被测信息系统相适应的测评对象、测评指标、测评检查点及测评内容等，形成密评方案，为实施现场测评提供依据。

（4）现场测评活动

本活动是开展测评工作的核心活动，主要任务是根据密评方案分步实施所有测评项目，以了解被测信息系统真实的密码应用现状，获取足够的证据，发现其存在的密码应用安全性问题。

（5）分析与报告编制活动

本活动是给出测评工作结果的活动，主要任务是根据 GB/T 39786 和 GM/T 0054 的有关要求，通过单元测评、整体测评、量化评估和风险分析等方法，找出被测信息系统密码应用的安全保护现状与相应等级的保护要求之间的差距，并分析这些差距可能导致的被测信息系统所面临的风险，从而给出各个测评对象的测评结果和被测信息系统的评估结论，形成密评报告。

（四）密评各阶段活动

1. 测评准备阶段

本活动是开展测评工作的前提和基础，主要任务是掌握被测信息系统的详细情况，准备测评工具，为编制测评方案做好准备。

表 8-36　测评准备阶段

任务	输出文档	文档内容
项目启动	项目计划书	项目概述、工作依据、技术思路、工作内容和项目组织等
信息收集和分析	完成的调查表格，各种与被测信息系统相关的技术资料	被测信息系统的网络安全保护等级、业务情况、软硬件情况、密码应用情况、密码管理情况和相关部门及角色等
工具和表单准备	选用的测评工具清单，打印的各类表单，如现场测评授权书、风险告知书、文档交接单、会议签到表单等	测评工具、现场测评授权、测评可能带来的风险、交接的文档名称、会议记录表单、会议签到表单等

2. 方案编制阶段

本活动是开展测评工作的关键活动，主要任务是确定与被测信息系统相适应的测评对象、测评指标、测评检查点及测评内容等，形成测评方案，为实施现场测评提供依据。

表 8-37　方案编制阶段

任务	输出文档	文档内容
测评对象确定	测评方案的测评对象部分	被测信息系统的整体结构、边界、网络区域、核心资产、面临的威胁、测评对象等
测评指标确定	测评方案的测评指标部分	被测信息系统相应等级对应的适用和不适用的测评指标
测试检查点确定	测评方案的测评检查点部分	测评检查点、检查内容及测评方法
测试内容确定	测评方案的单元测评实施部分	单元测评实施内容
测评方案编制	经过评审和确认的测评方案文本	项目概述、测评对象、测评指标、测评检查点、单元测评实施内容、测评实施计划等

3. 现场测评阶段

本活动是开展测评工作的核心活动，主要任务是根据测评方案分步实施所有测评项目，以了解被测信息系统真实的密码应用现状，获取足够的证据，发现其存在的密码应用安全性问题。

表 8-38　现场测评阶段

任务	输出文档	文档内容
现场测评准备	会议记录、更新确认后的测评方案、确认的测评授权书和风险告知书等	工作计划和内容安排、双方人员的协调、被测单位应提供的配合与支持
现场测评和结果记录	各类测评结果记录	访谈、文档审查、实地察看和配置检查、工具测试的记录及测评结果
测评结果的确认和资料归还	经过被测单位确认的各类测评结果记录	测评活动中发现的问题、问题的证据和证据源、每项测评活动中被测单位配合人员的书面认可文件

4. 分析与报告编制阶段

本活动是给出测评工作结果的活动，主要任务是根据 GB/T 39786—2021《信息安全技术 信息系统密码应用基本要求》和《信息系统密码应用测评要求》的有关要求，通过单元测评、整体测评、量化评估和风险分析等方法，找出被测信息系统密码应用的安全保护现状与相应等级的保护要求之间的差距，并分析这些差距可能导致的被测信息系统所面临的风险，从而给出各个测评对象的测评结果和被测信息系统的评估结论，形成密评报告。

表 8-39　分析和报告编制阶段

任务	输出文档	文档内容
单元测评	密评报告的单元测评部分	汇总统计各测评指标的各个测评对象的测评结果，给出单元测评结果
整体测评	密评报告的单元测评结果修正部分	分析被测信息系统整体安全状况及对各测评对象测评结果的修正情况
量化评估	密评报告中整体测评结果和量化评估部分，以及总体评价部分	综合单元测评和整体测评结果，计算得分，并对被测信息系统的密码应用情况安全性进行总体评价
风险分析	密评报告的风险分析部分	分析被测信息系统存在的安全问题风险情况
评估结论形成	密评报告的评估结论部分	对测评结果进行分析，形成评估结论
密评报告编制	经过评审和确认的密评报告	概述、被测信息系统描述、测评对象说明、测评指标说明、测评内容和方法说明、单元测评、整体测评、量化评估、风险分析、评估结论和改进建议等

第三节　风险评估系列标准

一、《信息安全技术 信息安全风险评估规范》（GB/T 20984—2007）

（一）标准的适用范围

本标准提出了风险评估的基本概念、要素关系、分析原理、实施流程和评估方法，以及风险评估在信息系统生命周期不同阶段的实施要点和工作形式。

本标准适用于规范组织开展的风险评估工作。

（二）术语和定义

1. 资产（asset）

对组织具有价值的信息或资源，是安全策略保护的对象。

2. 资产价值 （asset value）

资产的重要程度或敏感程度的表征。资产价值是资产的属性，也是进行资产识到的主要内容。

3. 可用性（availability）

数据或资源的特性，被授权实体按要求能访问和使用数据或资源。

4. 业务战略（business strategy）

组织为实现其发展目标而制定的一组规则或要求。

5. 保密性（confidentiality）

数据所具有的特性，即表示数据所达到的未提供或未泄露给非授权的个人、过程或其他实体的程度。

6. 信息安全风险（information security risk）

人为或自然的威胁利用信息系统及其管理体系中存在的脆弱性导致安全事件的发生及其对组织造成的影响。

7. 信息安全风险评估（information security risk assessment）

依据有关信息安全技术与管理标准，对信息系统及由其处理、传输和存储的信息的保密性、完整性和可用性等安全属性进行评价的过程。它要评估资产面临的威胁以及威胁利用脆弱性导致安全事件的可能性，并结合安全事件所涉及的资产价值来判断安全事件一旦发生对组织造成的影响。

8. 信息系统（information system）

由计算机及其相关的和配套的设备、设施（含网络）构成的，按照一定的应用目标和规则对信息进行采集、加工、存储、传输、检索等处理的人机系统。

典型的信息系统由三部分组成：硬件系统（计算机硬件系统和网络硬件系统）、系统软件（计算机系统软件和网络系统软件）、应用软件（包括由其处理、存储的信息）。

9. 检查评估（inspection assessment）

由被评估组织的上级主管机关或业务主管机关发起的，依据国家有关法规与标准，对信息系统及其管理进行的具有强制性的检查活动。

10. 完整性（integrity）

保证信息及信息系统不会被非授权更改或破坏的特性。包括数据完整性和系统完整性。

11. 组织（organization）

由作用不同的个体为实施共同的业务目标而建立的结构。一个单位是一个组织，某个业务部门也可以是个组织。

12. 残余风险（residual risk）

采取了安全措施后，信息系统仍然可能存在的风险。

13. 自评估（self-assessment）

由组织自身发起，依据国家有关法规与标准，对信息系统及其管理进行的风险评估活动。

14. 安全事件（security incident）

系统、服务或网络的一种可识别状态的发生，它可能是对信息安全策略的违反或防护措施的失效，或未预知的不安全状况。

15. 安全措施（security measure）

保护资产、抵御威胁、减少脆弱性、降低安全事件的影响，以及打击信息犯罪而实施的各种实践、规程和机制。

16. 安全需求（security requirement）

为保证组织业务战略的正常运作而在安全措施方面提出的要求。

17. 威胁（threat）

可能导致对系统或组织危害的不希望事故潜在起因。

18. 脆弱性（vulnerability）

可能被威胁所利用的资产或若干资产的薄弱环节。

（三）风险评估框架和流程

1. 风险要素关系

风险评估中各要素的关系如图 8-7 所示．

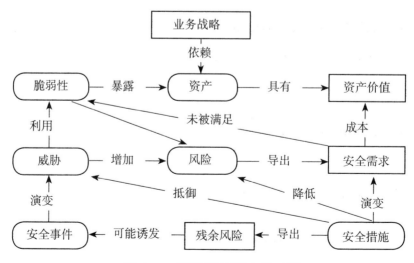

图 8-7　风险评估要素关系圈

图 8-7 中方框部分的内容为风险评估的基本要素，椭圆部分的内容是与这些要素相关的属性。风险评估围绕着资产、威胁、脆弱性和安全措施这些基本要素展开，在对基本要素的评估过程中，需要充分考虑业务战略、资产价值、安全需求、安全事件、残余风险等与这些基本要素相关的各类属性。

图 8-7 中的风险要素及属性之间存在着以下关系：

①业务战略的实现对资产具有依赖性，依赖程度越高，要求其风险越小。

②资产是有价值的，组织的业务战略对资产的依赖程度越高，资产价值就越大。

③风险是由威胁引发的，资产面临的威胁越多则风险越大，并可能演变成为安全事件。

④资产的脆弱性可能暴露资产的价值，资产具有的脆弱性越多则风险越大。

⑤脆弱性是未被满足的安全需求，威胁利用脆弱性危害资产。

⑥风险的存在及对风险的认识导出安全需求。

⑦安全需求可通过安全措施得以满足，需要结合资产价值考虑实施成本。

⑧安全措施可抵御威胁，降低风险。

⑨残余风险有些是安全措施不当或无效，需要加强才可控制的风险；而有些则是在综合考虑了安全成本与效益后不去控制的风险。

2. 风险分析原理

风险分析原理如图 8-8 所示。

风险分析中要涉及资产、威胁、脆弱性三个基本要素。每个要素有各自的属性,资产的属性是资产价值;威胁的属性可以是威胁主体、影响对象、出现频率、动机等;脆弱性的属性是资产弱点的严重程度。

风险分析的主要内容为:

①对资产进行识别,并对资产的价值进行赋值。

②对威胁进行识别,描述威胁的属性,并对威胁出现的频率赋值。

③对脆弱性进行识别,并对具体资产的脆弱性的严重程度赋值。

④根据威胁及威胁利用脆弱性的难易程度判断安全事件发生的可能性。

⑤根据脆弱性的严重程度及安全事件所作用的资产的价值计算安全事件造成的损失。

⑥根据安全事件发生的可能性以及安全事件出现后的损失,计算安全事件一旦发生对组织的影响,即风险值。

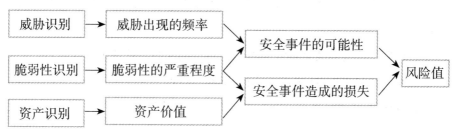

图 8-8　风险分析原理

3. 实施流程

风险评估的实施流程如图 8-9 所示。

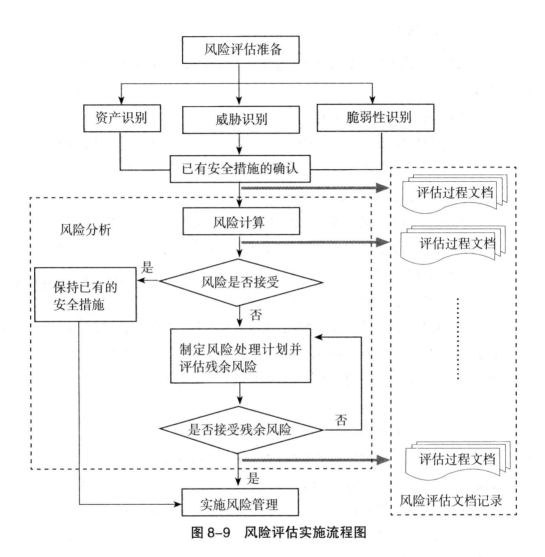

图 8-9　风险评估实施流程图

（四）风险评估的实施

风险评估是组织确定信息安全需求的过程，包括资产识别与评价、威胁和弱点评估、控制措施评估、风险认定在内的一系列活动。

1. 风险评估准备

风险评估准备是整个风险评估过程有效性的保证。风险评估准备工作包括：

（1）确定风险评估的目标

根据满足组织业务持续发展在安全方面的需要、法律法规的规定等内容，识别现有信息系统及管理上的不足以及可能造成的风险大小。

（2）确定风险评估的范围

风险评估范围可能是组织全部的信息及与信息处理相关的各类资产、管理机构，也可能是某个独立的信息系统、关键业务流程、与客户知识产权相关的系统或部门等。

（3）组建适当的评估管理与实施团队

风险评估实施团队，由管理层、相关业务骨干、IT 技术等人员组成风险评估小组。评估实施团队应做好评估前的表格、文档、检测工具等各项准备工作，进行风险评估技术培训和保密教育，制定风险评估过程管理相关规定。

（4）进行系统调研

系统调研是确定被评估对象的过程，风险评估小组应进行充分的系统调研，为风险评估依据和方法的选择、评估内容的实施奠定基础。调研内容至少应包括：业务战略及管理制度；主要的业务功能和要求；网络结构与网络环境，包括内部连接和外部连接；系统边界；主要的硬件、软件；数据和信息；系统和数据的敏感性；支持和使用系统的人员。系统调研可以采取问卷调查、现场面谈相结合的方式进行。

（5）确定评估依据和方法

根据系统调研结果，确定评估依据和评估方法。评估依据包括（但不仅限于）：现有国际标准、国家标准、行业标准；行业主管机关的业务系统的要求和制度；系统安全保护等级要求；系统互联单位的安全要求；系统本身的实时性或性能要求等。根据组织机构自身的业务特点、信息系统特点，选择适当的风险分析方法并加以明确，如定性风险分析、定量风险分析、半定量风险分析。

根据评估依据，应考虑评估的目的、范围、时间、效果、人员素质等因素来选择具体的风险计算方法，并依据业务实施对系统安全运行的需求，确定相关的判断依据，使之能够与组织环境和安全要求相适应。

（6）制定风险评估方案

风险评估方案的目的是为后面的风险评估实施活动提供一个总体计划，用于指导实施方开展后续工作。

风险评估方案的内容一般包括（但不限于）：

①团队组织：包括评估团队成员、组织结构、角色、责任等内容。

②工作计划：风险评估各阶段的工作计划，包括工作内容、工作形式、工作成果等内容。

③时间进度安排：项目实施的时间进度安排。

（7）获得最高管理者对风险评估工作的支持

上述所有内容确定后，应形成较为完整的风险评估实施方案，得到组织最高管理者的支持、批准；对管理层和技术人员进行传达，在组织范围内就风险评估相关内容进行培训，以明确有关人员在风险评估中的任务。

2. 资产识别

资产分类、分级、形态及资产价值评估。

①资产分类：数据、软件、硬件、服务、人员、其他（GB/T 20984《信息安全风险评估规范》）

②资产形态：有形资产、无形资产。

③资产分级：保密性分级、完整性分级、可用性分级。

④制定资产重要性分级准则：依据资产价值大小对资产的重要性划分不同的等级。资产价值依据资产在保密性、完整性和可用性上的赋值等级，经过综合评定得出。

表 8-40　资产重要性分级标准

赋值	重要性等级	定义
5	很高	非常重要，其安全属性破坏后可能对组织造成非常严重的损失
4	高	重要，其安全属性破坏后可能对组织造成比较严重的损失
3	中	比较重要，其安全属性破坏后可能对组织造成中等程度的损失
2	低	不太重要，其安全属性破坏后可能对组织造成较低的损失
1	很低	不重要，其安全属性破坏后对组织造成很小的损失，甚至忽略不计

3. 威胁识别

（1）威胁类型

自然因素、人为因素。

（2）威胁频率级别

表 8-41　威胁频率级别表

赋值	威胁出现频率级别	定义
5	很高	出现的频率很高（≥1次／周）；或在大多数情况下几乎不可避免；或可以证实经常发生过
4	高	出现的频率较高（≥1次／月）；或在大多数情况下很有可能会发生；或可以证实多次发生过

赋值	威胁出现频率级别	定义
3	中	出现的频率中等（＞1次／半年）；或在某种情况下可能会发生；或被证实曾经发生过
2	低	出现的频率较小；或一般不太可能发生；或没有被证实发生过
1	很低	威胁几乎不可能发生；仅可能在非常罕见和例外的情况下发生

4.脆弱性识别

（1）脆弱性识别与威胁识别的关系

验证：以资产为对象，对威胁识别进行验证。

（2）脆弱性识别的难点

三性：隐蔽性、欺骗性、复杂性。

（3）脆弱性识别的方法（表8-42）

表8-42　脆弱性级别表

赋值	脆弱性严重程度级别	定义
5	很高	如果被威胁利用，将对资产造成完全损害
4	高	如果被威胁利用，将对资产造成重大损害
3	中	如果被威胁利用，将对资产造成一般损害
2	低	如果被威胁利用，将对资产造成较小损害
1	很低	如果被威胁利用，将对资产造成的损害可以忽略

5.已有安全措施确认

①依据三个报告：《信息系统的描述报告》《信息系统的分析报告》和《信息系统的安全要求报告》。

②确认已有的安全措施，包括：

◎技术层面（物理平台、系统平台、网络平台和应用平台）的安全功能。

◎组织层面（组织结构、岗位和人员）的安全控制。

◎管理层面（策略、规章和制度）的安全对策。

◎形成《已有安全措施列表》。

③控制措施类型：预防性、检测性和纠正性。

④在识别脆弱性的同时，评估人员应对已采取的安全措施的有效性进行确认。安全措施的确认应评估其有效性，对有效的安全措施继续保持，以避免不必要的工作和费用，防止重复实施。

6. 风险分析

（1）风险计算原理

《信息安全风险评估规范》（GB/T 20984—2007）给出信息安全风险分析思路。

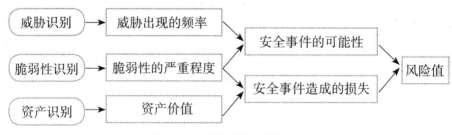

图 8-10　风险计算原理

风险值 $= R(A, T, V) = R(L(T, V), F(I_a, V_a))$

R 表示安全风险计算函数

A 表示资产。

T 表示威胁。

V 表示脆弱性。

I_a 表示安全事件所作用的资产价值。

V_a 表示脆弱性严重程度。

L 表示威胁利用资产的脆弱性导致安全事件的可能性。

F 表示安全事件发生后造成的损失。

◎计算安全事件发生的可能性：

安全事件的可能性 $=L($ 威胁出现频率，脆弱性 $) = L(T，V)$

◎计算安全事件发生后造成的损失：

安全事件造成的损失 $=F($ 资产价值，脆弱性严重程度 $) = F(I_a，V_a)$

◎计算风险值：

风险值 $=R($ 安全事件的可能性，安全事件造成的损失 $) = R(L(T，V)，F(I_a，V_a))$

（2）风险结果判定

◎评估风险的等级：依据《风险计算报告》，根据已经制定的风险分级准则，对所有风险计算结果进行等级处理，形成《风险程度等级列表》。

◎综合评估风险状况：汇总各项输出文档和《风险程度等级列表》，综合评价风险状况，形成《风险评估报告》。

7. 风险评估文档记录

（1）风险评估文档记录的要求

记录风险评估过程的相关文档，应符合以下要求 (但不限于)：

①确保文档发布前是得到批准的。

②确保文档的更改和现行修订状态是可识别的。

③确保文档的分发得到适当的控制，并确保在使用时可获得有关版本的适用文档。

④防止作废文档的非预期使用，若因任何目的需保留作废文档时，应对这些文档进行适当的标识。

对于风险评估过程中形成的相关文档，还应规定其标识、存储、保护、检索、保存期限以及处置所需的控制。

相关文档是否需要以及详略程度由组织的管理者来决定。

（2）风险评估文档

风险评估文档是指在整个风险评估过程中产生的评估过程文档和评估结果文档，包括（但不限于）：

①风险评估方案：阐述风险评估的目标、范围、人员、评估方法、评估结果的形式和实施进度等。

②风险评估程序：明确评估的目的、职责、过程、相关的文档要求，以及实施本次评估所需要的各种资产、威胁、脆弱性识别和判断依据。

③资产识别清单：根据组织在风险评估程序文档中所确定的资产分类方法进行资产识别，形成资产识别清单，明确资产的责任人（部门）。

④重要资产清单：根据资产识别和赋值的结果，形成重要资产列表，包括重要资产名称、描述、类型、重要程度、责任人（部门）等。

⑤威胁列表：根据威胁识别和赋值的结果，形成威胁列表，包括威胁名称、种类、来源、动机及出现的频率等。

⑥脆弱性列表：根据脆弱性识别和赋值的结果，形成脆弱性列表，包括具体脆弱性的名称、描述、类型及严重程度等。

⑦已有安全措施确认表：根据对已采取的安全措施确认的结果，形成已有安全措施确认表，包括已有安全措施名称、类型、功能描述及实施效果等。

⑧风险评估报告：对整个风险评估过程和结果进行总结，详细说明被评估对象、风险评估方法、资产、威胁、脆弱性的识别结果、风险分析、风险统计和结论等内容；对评估结果中不可接受的风险制定风险处理计划，选择适当的控制目标及安全措施，明确责任、进度、资源，并通过对残余风险的评价以确定所选择安全措施的有效性。

⑨风险评估记录：根据风险评估过程中的各种现场记录可复现评估过程，并作为产生歧义解决问题的依据。

（五）信息系统生命周期各阶段的风险评估

1. 信息系统生命周期概述

风险评估应贯穿于子信息系统生命周期的各阶段中。信息系统生命周期各阶段中涉及的风险评估的原则和方法是一致的，但由于各阶段实施的内容、对象、安全需求不同，使得风险评估的对象、目的、要求等各方面也有所不同。具体而言，在规划设计阶段，通过风险评估以确定系统的安全目标；在建设验收阶段，通过风险评估以确定系统的安全目标达成与否；在运行维护阶段，要不断地实施风险评估以识别系统面临的不断变化的风险和脆弱性，从而确定安全措施的有效性，确保安全目标得以实现，因此，每个阶段风险评估的具体实施应根据该阶段的特点有所侧重地进行，有条件时，应采用风险评估工具开展风险评估活动。

2. 规划阶段的风险评估

规划阶段风险评估的目的是识别系统的业务战略，以支撑系统安全需求及安全战略等。规划阶段的评估应能够描述信息系统建成后对现有业务模式的作用，包括技术、管理等方面，并根据其作用确定系统建设应达到的安全目标。

本阶段评估中，资产、脆弱性不需要识别；威胁应根据未来系统的应用对象、应用环境、业务状况、操作要求等方面进行分析。评估着重在以下几方面：

①是否依据相关规则建立了与业务战略相一致的信息系统安全规划，并得到最高管理者的认可。

②系统规划中是否明确信息系统开发的组织、业务变更的管理、开发

优先级。

③系统规划中是否考虑信息系统的威胁、环境,并制定总体的安全方针。

④系统规划中是否描述信息系统预期使用的信息,包括预期的应用、信息资产的重要性、潜在的价值、可能的使用限制、对业务的支持程度等。

⑤系统规划中是否描述所有与信息系统安全相关的运行环境,包括物理和人员的安全配置,以及明确相关的法规、组织安全策略、专门技术和知识等。

规划阶段的评估结果应体现在信息系统整体规划或项目建议书中。

3. 设计阶段的风险评估

设计阶段的风险评估需要根据规划阶段所明确的系统运行环境、资产重要性,提出安全功能需求。设计阶段的风险评估结果应对设计方案中所提供的安全功能符合性进行判断,作为采购过程风险控制的依据。

本阶段评估中,应详细评估设计方案中对系统面临威胁的描述,将使用的具体设备、软件等资产及其安全功能需求列表。对设计方案的评估着重在以下几方面:

①设计方案是否符合系统建设规划,并得到最高管理者的认可。

②设计方案是否对系统建设后面临的威胁进行了分析,重点分析来自物理环境和自然的威胁, 以及由于内部、外部入侵等造成的威胁。

③设计方案中的安全需求是否符合规划阶段的安全目标,并基于威胁的分析,制定信息系统的总体安全策略。

④设计方案是否采取了一定的手段来应对系统可能的故障。

⑤设计方案是否对设计原型中的技术实现以及人员、组织管理等方面的脆弱性进行评估,包括设计过程中的管理脆弱性和技术平台固有的脆弱性。

⑥设计方案是否考虑随着其他系统接入而可能产生的风险。

⑦系统性能是否满足用户需求，并考虑到峰值的影响，是否在技术上考虑了满足系统性能要求的方法。

⑧应用系统（含数据库）是否根据业务需要进行了安全设计。

⑨设计方案是否根据开发的规模、时间及系统的特点选择开发方法，并根据设计开发计划及用户需求，对系统涉及的软件、硬件与网络进行分析和选型。

⑩设计活动中所采用的安全控制措施、安全技术保障手段对风险的影响。在安全需求变更和设计变更后，需要重复这项评估。

设计阶段的评估可以以安全建设方案评审的方式进行，判定方案所提供的安全功能与信息技术安全技术标准的符合性。评估结果应体现在信息系统需求分析报告或建设实施方案中。

4. 实施阶段的风险评估

实施阶段风险评估的目的是根据系统安全需求和运行环境对系统开发、实施过程进行风险识别，并对系统建成后的安全功能进行验证。根据设计阶段分析的威胁和制定的安全措施，在实施及验收时进行质量控制。

基于设计阶段的资产列表、安全措施，实施阶段应对规划阶段的安全威胁进行进一步细分，同时评估安全措施的实现程度，从而确定安全措施能否抵御现有威胁、脆弱性的影响。实施阶段风险评估主要对系统的开发与技术（产品）获取、系统交付实施两个过程进行评估。

开发与技术（产品）获取过程的评估要点包括：

①法律、政策、适用标准和指导方针：直接或间接影响信息系统安全需求的特定法律；影响信息系统安全需求、产品选择的政府政策、国际或国家标准。

②信息系统的功能需要：安全需求是否有效地支持系统的功能。

③成本效益风险：是否根据信息系统的资产、威胁和脆弱性的分析结果，

确定在符合相关法律、政策、标准和功能需要的前提下选择最合适的安全措施。

④评估保证级别：是否明确系统建设后应进行怎样的测试和检查，从而确定是否满足项目建设、实施规范的要求。

系统交付实施过程的评估要点包括：

①根据实际建设的系统，详细分析资产、面临的威胁和脆弱性。

②根据系统建设目标和安全需求，对系统的安全功能进行验收测试；评价安全措施能否抵御安全威胁。

③评估是否建立了与整体安全策略一致的组织管理制度。

④对系统实现的风险控制效果与预期设计的符合性进行判断，如存在较大的不符合，应重新进行信息系统安全策略的设计与调整。

本阶段风险评估可以采取对照实施方案和标准要求的方式，对实际建设结果进行测试、分析。

5. 运行维护阶段的风险评估

运行维护阶段风险评估的目的是了解和控制运行过程中的安全风险，是一种较为全面的风险评估。评估内容包括真实运行的信息系统、资产、威胁、脆弱性等各方面。

①资产评估：在真实环境下较为细致地评估。包括实施阶段采购的软硬件资产、系统运行过程中生成的信息资产、相关的人员与服务等，本阶段资产识别是前期资产识别的补充与增加。

②威胁评估：应全面地分析威胁的可能性和影响程度。对非故意威胁导致安全事件的评估可以参照安全事件的发生频率；对故意威胁导致安全事件的评估主要就威胁的各个影响因素做出专业判断。

③脆弱性评估：是全面的脆弱性评估。包括运行环境中物理、网络、系统、应用、安全保障设备、管理等各方面的脆弱性。技术脆弱性评估可以采取核查、扫描、案例验证、渗透性测试的方式实施；安全保障设备的

脆弱性评估，应考虑安全功能的实现情况和安全保障设备本身的脆弱性，管理脆弱性评估可以采取文档、记录核查等方式进行验证。

④风险计算：根据本标准的相关方法，对重要资产的风险进行定性或定量的风险分析，描述不同资产的风险高低状况。

运行维护阶段的风险评估应定期执行；当组织的业务流程、系统状况发生重大变更时，也应进行风险评估。重大变更包括以下情况（但不限于）：

①增加新的应用或应用发生较大变更。

②网络结构和连接状况发生较大变更。

③技术平台大规模的更新。

④系统扩容或改造。

⑤发生重大安全事件，或基于某些运行记录怀疑将发生重大安全事件。

⑥组织结构发生重大变动对系统产生了影响。

6. 废弃阶段的风险评估

当信息系统不能满足现有要求时，信息系统进入废弃阶段。根据废弃的程度，又分为部分废弃和全部废弃两种。

废弃阶段风险评估着重在以下几方面：

①确保硬件和软件等资产及残留信息得到了适当的处置，并确保系统组件被合理地丢弃或更换。

②如果被废弃的系统是某个系统的一部分，或与其他系统存在物理或逻辑上的连接，还应考虑系统废弃后与其他系统的连接是否被关闭。

③如果在系统变更中废弃，除对废弃部分外，还应对变更的部分进行评估，以确定是否会增加风险或引入新的风险。

④是否建立了流程，确保更新过程在一个安全、系统化的状态下完成。

本阶段应重点对废弃资产对组织的影响进行分析，并根据不同的影响制定不同的处理方式。对由于系统废弃可能带来的新的威胁进行分析，并改进新系统或管理模式。对废弃资产的处理过程应在有效的监督之下实施，同时对废弃的执行人员进行安全教育。

信息系统的维护技术人员和管理人员均应该参与此阶段的评估。

（六）风险评估的工作形式

1. 概述

信息安全风险评估分为自评估和检查评估两种形式。信息安全风险评估应以自评估为主，自评估和检查评估相互结合、互为补充。

2. 自评估

自评估是指信息系统拥有、运营或使用单位发起的对本单位信息系统进行的风险评估。自评估应在本标准的指导下，结合系统特定的安全要求实施。周期性进行的自评估可以在评估流程上适当简化，重点针对自上次评估后系统发生变化引入的新威胁以及系统脆弱性的完整识别，以便于两次评估结果的对比。但系统发生重大变更时，应依据本标准进行完整的评估。

自评估可由发起方实施或委托风险评估服务技术支持方实施。由发起方实施的评估可以降低实施的费用，提高信息系统相关人员的安全意识，但可能由于缺乏风险评估的专业技能，其结果不够深入准确；同时，受到组织内部各种因素的影响，其评估结果的客观性易受影响。委托风险评估服务技术支持方实施的评估，过程比较规范，评估结果的客观性比较好，可信程度较高；但由于受到行业知识技能及业务了解的限制，对被评估系统的了解尤其是在业务方面的特殊要求存在一定的局限性。但由于引入第三方本身就是一个风险因素，因此，对其背景与资质、评估过程与结果的保密要求等方面应进行控制。

此外，为保证风险评估的实施，与系统相连的相关方也应配合，以防止给其他方的使用带来困难或引入新的风险。

3. 检查评估

检查评估是指信息系统上级管理部门组织的或国家有关职能部门依法开展的风险评估。检查评估可依据本标准的要求，实施完整的风险评估过程。检查评估也可在自评估实施的基础上，对关键环节或重点内容实施抽样评估，包括以下内容(但不限于)：

①自评估队伍及技术人员审查。

②自评估方法的检查。

③自评估过程控制与文档记录检查。

④自评估资产列表审查。

⑤自评估威胁列表审查。

⑥自评估脆弱性列表审查。

⑦现有安全措施有效性检查。

⑧自评估结果审查与采取相应措施的跟踪检查。

⑨自评估技术技能限制未完成项目的检查评估。

⑩上级关注或要求的关键环节和重点内容的检查评估。

4. 突发事件应对措施的检查。

检查评估也可委托风险评估服务技术支持方实施，但评估结果仅对检查评估的发起单位负责。由于检查评估代表了主管机关，涉及评估对象也往往较多，因此，要对实施检查评估机构的资质进行严格管理。

二、《信息安全技术 信息安全风险评估 实施指南》（GB/T 31509—2015）

（一）标准的适用范围

本标准规定了信息安全风险评估实施的过程和方法。

本标准适用于各类安全评估机构或被评估组织对非涉密信息系统的信息安全风险评估项目的管理，指导风险评估项目的组织，实施、验收等工作。

（二）术语和定义

1. 实施（implementation）

将一系列活动付诸实践的过程。

2. 信息系统生命周期（information system lifecycle）

信息系统的各个生命阶段，包括规划阶段，设计阶段、实施阶段、运行维护阶段和废弃阶段。

3. 评估目标（assessment target）

评估活动所要达到的最终目的。

4. 系统调研（system investigation）

对信息系统相关的实际情况进行调查了解与分析研究的活动。

5. 评估要素（assessment factor）

风险评估活动中必须要识别，分析的一系列基本因素。

6. 识别（identify）

对某一评估要素进行标识与辨别的过程。

7. 赋值（assignment）

对识别出的评估要素根据已定的量化模型给予定量数值的过程。

8. 核查（check in）

将信息系统中的检查信息与制定的检查项进行核对检查的活动。

9. 关键控制点（the key point）

在项目实施活动中，具有能够影响项目整体进度决定性作用的实施活动。

10. 分析模型（analysis model）

依据一定的分析原理构造的一种模拟分析方法，用于对评估要素的分析。

11. 评价模型（evaluation model）

依据一定的评价体系，构造若干评价指标，能够对相应的活动进行较为完善的评价。

12. 风险处理（risk treatment）

对风险进行处理的一系列活动，如接受风险、规避风险、转移风险、降低风险等。

13. 验收（acceptance）

风险评估活动中用于结束项目实施的一种方法，主要由被评估方组织，对评估活动进行逐项检验，以达到评估目标为接受标准。

（三）风险评估实施概述

1. 实施的基本原则

（1）标准性原则

信息系统的安全风险评估，应按照 GB/T 20984—2007 中规定的评估流程实施，包括各阶段性的评估工作。

（2）关键业务原则

信息安全风险评估应以被评估组织的关键业务作为评估工作的核心，把涉及这些业务的相关网络与系统，包括基础网络、业务网络、应用基础平台、业务应用平台等作为评估的重点。

（3）可控性原则

在风险评估项目实施过程中，应严格按照标准的项目管理方法对服务过程、人员和工具等进行控制，以保证风险评估实施过程的可控和安全。

①服务可控性：评估方应事先在评估工作沟通会议中向用户介绍评估服务流程，明确需要得到被评估组织协作的工作内容，确保安全评估服务工作的顺利进行。

②人员与信息可控性：所有参与评估的人员应签署保密协议，以保证项目信息的安全；应对工作过程数据和结果数据严格管理，未经授权不得泄露给任何单位和个人。

③过程可控性：应按照项目管理要求，成立项目实施团队，项目组长负责制，达到项目过程的可控。

④工具可控性：安全评估人员所使用的评估工具应该事先通告用户，并在项目实施前获得用户的许可，包括产品本身、测试策略等。

（4）最小影响原则：对于在线业务系统的风险评估，应采用最小影响原则，即首要保障业务系统的稳定运行，而对于需要进行攻击性测试的工作内容，需与用户沟通并进行应急备份，同时选择避开业务的高峰时间进行。

2. 实施的基本流程

GB/T 20984—2007 规定了风险评估的实施流程，根据流程中的各项工作内容，一般将风险评估实施划分为评估准备、风险要素识别、风险分析与风险处理 4 个阶段。其中，评估准备阶段工作是对评估实施有效性的保证，是评估工作的开始；风险要素识别阶段工作主要是对评估活动中的各类关键要素资产、威胁、脆弱性、安全措施进行识别与赋值；风险分析阶段工作主要是对识别阶段中获得的各类信息进行关联分析，并计算风险值；风险处理建议工作主要针对评估出的风险，提出相应的处置建议，以及按照处置建议实施安全加固后进行残余风险处理等内容。

3. 风险评估的工作形式

GB/T 20984—2007明确了风险评估的基本工作形式是自评估与检查评估。

自评估是信息系统拥有运营或使用单位发起的对本单位信息系统进行的风险评估，可由发起方实施或委托信息安全服务组织支持实施。实施自评估的组织可根据组织自身的实际需求进行评估目标的设立，采用完整或剪裁的评估活动。

检查评估是信息系统上级管理部门或国家有关职能部门依法开展的风险评估，检查评估也可委托信息安全服务组织支持实施。检查评估除可对被检查组织的关键环节或重点内容实施抽样评估外，还可实施完整的风险评估。

信息安全风险评估应以自评估为主，自评估和检查评估相互结合，互为补充。

4.信息系统生命周期内的风险评估

信息系统生命周期一般包括信息系统的规划、设计、实施运维和废弃五个阶段，风险评估活动应贯穿于信息系统生命周期的上述各个阶段。

信息系统生命周期各个阶段的风险评估由于各阶段的评估对象、安全需求不同，评估的目的一般也不同。规划阶段风险评估的目的是识别系统的业务战略，以支撑系统安全需求及安全战略等；设计阶段风险评估的目的是评估安全设计方案是否满足信息系统安全功能的需求；实施阶段的评估目的是对系统开发、实施过程进行风险识别，对建成后的系统安全功能进行验证；运行维护阶段的评估目的是了解和控制系统运行过程中的安全风险；废弃阶段的评估目的是对废弃资产对组织的影响进行分析。

此外，当信息系统的业务目标和需求或技术和管理环境发生变化时，需要再次进入上述 5 个阶段的风险评估，使得信息系统的安全适应自身和环境的变化。

（四）风险评估实施的阶段性工作

1.总体框架

信息安全风险评估总体框架是一种方法论，不局限于信息系统及其生命周期、数据安全及其生命周期、流程制度等，也不局限于是自评估还是检查评估，其提供的是一种评估思路，包括评估准备阶段、识别阶段、风险分析阶段及风险处理阶段。总体结构如下：

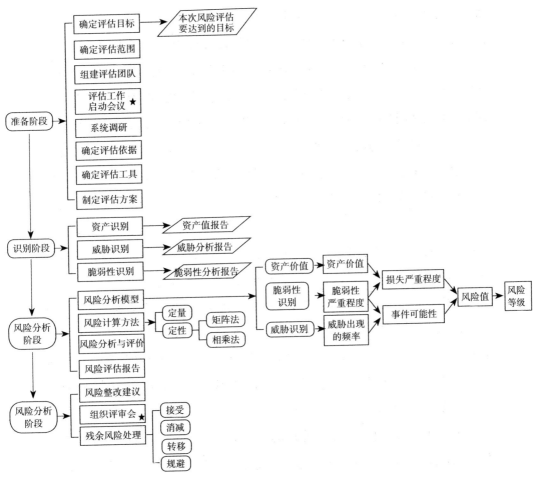

图 8-11　风险评估总体架构图

2. 准备阶段

风险评估准备是整个风险评估过程有效性的保证。由于风险评估受到组织的业务战略、业务流程、安全需求、系统规模和结构等方面的影响,因此,在风险评估实施前,应充分做好评估前的各项准备工作。信息安全风险评估涉及组织内部有关重要信息,被评估组织应慎重选择评估单位、评估人员的资质和资格,并遵从国家或行业相关管理要求。

首先需要明确本次评估的目标,评估目标依据评估对象所处的不同生命周期有所不同。通常信息系统生命周期包括规划、设计、实施、运行维护及废除五个阶段，信息安全评估应当在信息系统的整个生命周期中持续进行。在实际工作中，由于安全预算有限，不能投入大量的人力精力情况下，特别应当把控的是规划阶段及运行维护阶段，系统在规划之初进行安全风险评估，其后续因为安全因素而整改所带来的成本更低，而在系统运行维护阶段，或者是投产前的风险评估则可以对实施后的安全风险进行评估及弥补，避免系统带病上线引入安全隐患。在规划阶段非常有必要进行一次风险评估，基于实际调研进行该过程，且留证存档。评估包括：该业务是否会引入合规风险，第三方的数据采集是否合规，我们在使用的时候是否会面临因未履行尽职调查而连带法律责任；可以包括该业务的安全保障是否符合既定的安全战略规划；可以包括该业务的业务流程是否会引入安全风险等。

确定评估范围：在确定风险评估所处的阶段及相应目标之后，应进一步明确风险评估的评估范围，可以是组织全部信息及与信息处理相关的各类资产、管理机构，也可以是某个独立信息系统、关键业务流程等。在确定评估范围时，应结合已确定的评估目标和组织的实际信息系统建设情况，合理定义评估对象和评估范围边界。

组建评估团队中，评估工作启动会议是重中之重。为保障风险评估工作的顺利开展，确立工作目标、统一思想、协调各方资源，应召开风险评估工作启动会议。启动会一般由风险评估领导小组负责人组织召开，参与人员应该包括评估小组全体人员，相关业务部门主要负责人，如有必要可邀请相关专家组成员参加。启动会主要内容包括：被评估组织领导宣布此次评估工作的意义、目的、目标，以及评估工作中的责任分工；被评估组织项目组长说明本次评估工作的计划和各阶段工作任务，以及需配合的具体事项；评估机构项目组长介绍评估工作一般性方法和工作内容等。通过启动会可对被评估组织参与评估人员以及其他相关人员进行评估方法和技术培训，使全体人员了解和理解评估工作的重要性，以及各工作阶段所需配合的工作内容。

3. 识别阶段

识别阶段是风险评估工作的重要工作阶段,对组织和信息系统中资产、威胁、脆弱性等要素的识别,是进行信息系统安全风险分析的前提。资产识别即弄清楚当前被评估对象有什么样的资产,称为"知己";威胁识别即弄清楚可能面临的威胁主体,该部分相对固定,通常是内部的恶意用户以及外部的恶意攻击者,当然其破坏能力是有差别的;脆弱性识别即弄清楚当前被评估对象可能存在哪些脆弱性,这部分通常需要查阅大量的文档或者知识库,或者借助专家经验进行穷举。威胁识别与脆弱性识别均可以称为"知彼"。这三个识别为后续的风险分析奠定基础,在这里直接引用《信息安全技术 信息安全风险评估规范》(GB/T 20984—2007)中信息安全评估要素图说明几者的关系,不再赘述,详见图 8-12。

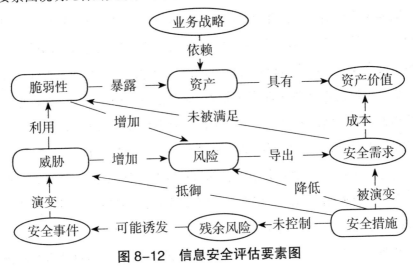

图 8-12　信息安全评估要素图

4. 风险分析阶段

该阶段为风险评估活动中的关键环节,这个阶段的输入包括准备阶段的输出以及识别阶段的输出。明白风险评估分析模型。一是通过评估得出被评估对象的风险值以及风险等级,从而为最终的风险处置提供指导意见;二是通过评估得出威胁所产生破坏事件的可能性,该落脚点忽略资产价值及资产损失可能性,即着重关注安全事件发生的可能性。

风险计算:通常有定量与定性两种方法,我们日常工作中采用的是定性计算方式,该方式包括矩阵法及相乘法两种。

风险评价:通过前面的分析,我们得出了不同场景下的风险值,在这里我们汇总所有场景的评估结果,并且给出被评估对象总体的安全风险等级。

风险评估报告:该阶段汇报所有的中间过程文件,并且形成风险评估报告,通常我们这风险评估报告中会提出风险整改建议。

5. 风险处理阶段

依据风险评估结果,针对风险分析阶段输出的风险评估报告进行风险处理。风险处理的基本原则是适度接受风险,根据组织可接受的处置成本将残余安全风险控制在可以接受的范围内。依据国家、行业主管部门发布的信息安全建设要求进行的风险处理,应严格执行相关规定。如依据等级保护相关要求实施的安全风险加固工作,应满足等级保护相应等级的安全技术和管理要求;对于因不能够满足该等级安全要求产生的风险则不能够适用适度接受风险的原则。行业主管部门有特殊安全要求的风险处理工作,同样不适用该原则。风险处理方式一般包括接受、消减、转移、规避等。安全整改是风险处理中常用的风险消减方法。风险评估需提出安全整改建议。另外,该阶段最重要的一个工作就是组织评审会。通过评审会向领导汇报本次安全风险评估结果,同时宣告本次评估结束,形成会议纪要。在评审会上还需要对各风险整改建议进行讨论,分配责任人及制定后续跟踪计划。

三、《信息安全技术 信息安全风险管理指南》(GB/Z 24364—2009)

(一)标准的适用范围

本指导性技术文件规定了信息安全风险管理的内容和过程,为信息系统生命周期不同阶段的信息安全风险管理提供指导。

本指导性技术文件适用于指导组织进行信息安全风险管理工作。

(二)术语和定义

1. 可用性(availability)

数据或资源的特性,被授权实体按要求能访问和使用数据或资源。(GB/T 20984)

2. 保密性(confidentiality)

数据所具有的特性,即表示数据所达到的未提供或未泄露给非授权的个人、过程或其他实体的程度。(GB/T 20984)

3. 信息安全风险(information security risk)

人为或自然的威胁利用信息系统及其管理体系中存在的脆弱性导致安全事件的发生及其对组织造成的影响。(GB/T 20984)

4. 完整性(integrity)

保证信息及信息系统不会被非授权更改或破坏的特性。包括数据完整性和系统完整性。(GB/T 20984)

5. 风险（risk）

事态的概率及其结果的组合。（GB/T 22081）

6. 风险管理（risk management）

识别控制、消除或最小化可能影响系统资源的不确定因素的过程。

7. 风险处理（risk treatment）

选择并且执行措施来更改风险的过程。（GB/T 22081）

（三）管理概述

1. 信息安全风险管理的范围和对象

信息安全的概念涵盖了信息、信息载体和信息环境 3 个方面的安全。信息指信息系统中采集、处理存储的数据和文件等内容；信息载体指承载信息的媒介，即用于记录、传输、积累和保存信息的实体。

信息环境指信息及信息载体所处的环境，包括物理平台、系统平台、网络平台和应用平台等硬环境和软环境。

信息安全风险管理是基于风险的信息安全管理，也就是，始终以风险为主线进行信息安全的管理。

从概念上讲，信息安全风险管理应该涉及信息安全上述 3 个方面(信息、信息载体和信息环境)中包含的所有相关对象。然而对于一个具体的信息系统，信息安全风险管理可能主要涉及该信息系统的关键和敏感部分。因此，根据实际信息系统的不同，信息安全风险管理的侧重点，即风险管理选择的范围和对象重点应有所不同。

2. 信息安全风险管理的内容和过程

信息安全风险管理包括背景建立、风险评估、风险处理、批准监督、监控审查和沟通咨询6个方面的内容。背景建立、风险评估、风险处理和批准监督是信息安全风险管理的4个基本步骤，监控审查和沟通咨询则贯穿于这4个基本步骤中。（四个阶段，两个贯穿）如图8-13所示。

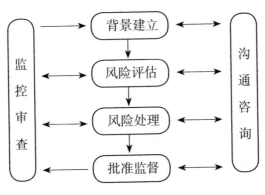

图8-13 信息安全风险管理

（四）信息安全风险管理各过程

1. 背景建立

背景建立是信息安全风险管理的第一步骤，确定风险管理的对象和范围，确立实施风险管理的准备，进行相关信息的调查和分析。

◎风险管理准备：确定对象、组建团队、制定计划、获得支持。

◎信息系统调查：信息系统的业务目标、技术和管理上的特点。

◎信息系统分析：信息系统的体系结构、关键要素。

◎信息安全分析：分析安全要求、分析安全环境。

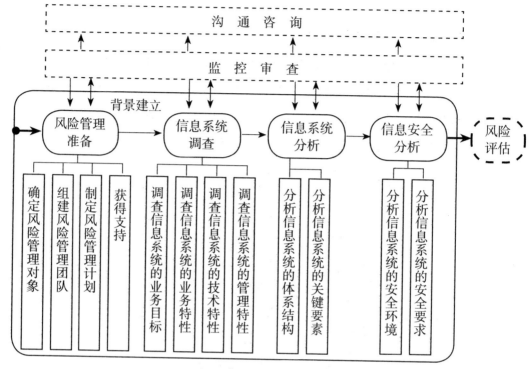

8-14 背景建立过程

2. 风险评估

信息安全风险管理要依靠风险评估的结果来确定随后的风险处理和批准监督活动。

◎风险评估准备：制定风险评估方案、选择评估方法。

◎风险要素识别：发现系统存在的威胁、脆弱性和控制措施。

◎风险分析：判断风险发生的可能性和影响的程度。

◎风险结果判定：综合分析结果判定风险等级。

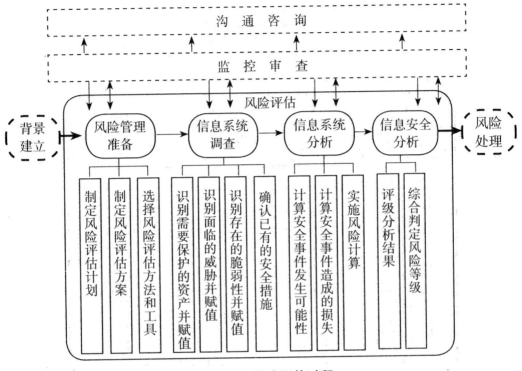

图 8-15　风险评估过程

3. 风险处理

风险处理是为了将风险始终控制在可接受的范围内。

◎现存风险判断：判断信息系统中哪些风险可以接受，哪些不可以。

◎处理目标确认：不可接受的风险需要控制到怎样的程度。

◎处理措施选择：选择风险处理方式，确定风险控制措施。

◎处理措施实施：制定具体安全方案，部署控制措施。

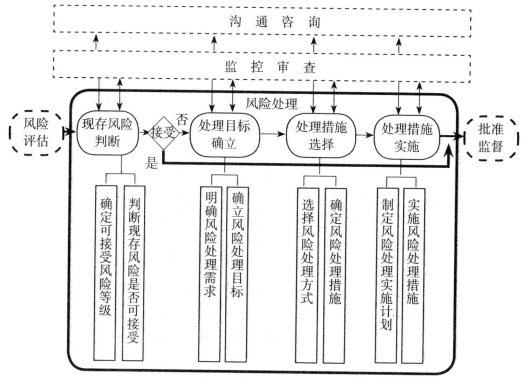

图 8-16   风险处理过程

4. 批准监督

批准：是指机构的决策层依据风险评估和风险处理的结果是否满足信息系统的安全要求，做出是否认可风险管理活动的决定。

监督：是指检查机构及其信息系统以及信息安全相关的环境有无变化，监督变化因素是否有可能引入新风险。

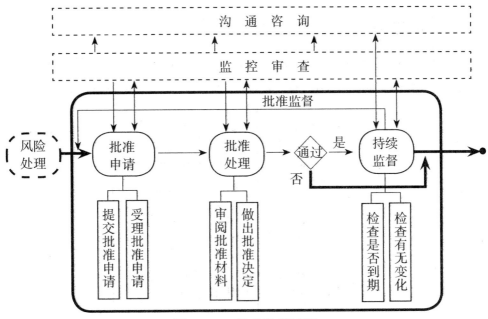

图 8-17　批准监督过程

5. 监控审查

监控与审查可以及时发现已经出现或即将出现的变化、偏差和延误等问题，并采取适当的措施进行控制和纠正，从而减少因此造成的损失，保证信息安全风险管理主循环的有效性。

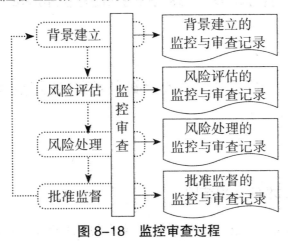

图 8-18　监控审查过程

6.沟通咨询

通过畅通的交流和充分的沟通，保持行动的协调和一致；通过有效的培训和方便的咨询，保证行动者具有足够的知识和技能，就是沟通咨询的意义所在。

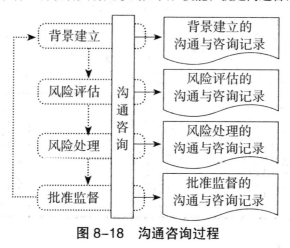

图 8-18　沟通咨询过程

第四节　其他网络安全标准

一、《信息安全技术 大数据服务安全能力要求》（GB/T 35274—2017）

（一）标准的适用范围

本标准规定了大数据服务提供者应具有的组织相关基础安全能力和数

据生命周期相关的数据服务安全能力。

本标准适用于对政府部门和企事业单位建设大数据服务安全能力，也适用于第三方机构对大数据服务提供者的大数据服务安全能力进行审查和评估。

（二）术语和定义

GB/T 25069—2010 和 GB/T 35295—2017 界定的以及下列术语和定义适用于本文件。

1. 大数据（big data）

具有数量巨大、种类多样、流动速度快、特征多变等特性，并且难以用传统数据体系结构和数据处理技术进行有效组织、存储、计算、分析和管理的数据集。

2. 数据生命周期（data lifecycle）

数据从产生，经过数据采集、数据传输、数据存储、数据处理(包括计算、分析、可视化等)、数据交换直至数据销毁等各种生存形态的演变过程。

3. 数据服务（data service）

提供数据采集、数据传输、数据存储、数据处理(包括计算、分析、可视化等)、数据交换、数据销毁等数据生存形态演变的一种网络信息服务。

4. 大数据服务（big data service）

支撑机构或个人对大数据采集、存储、使用和数据价值发现等数据生命周期相关的各种数据服务和系统服务。

注：大数据服务一般面对的是海量、异构、快速变化的结构化、半结构化和非结构化数据服务，且通过底层可伸缩的大数据平台和上层各种大

数据应用的系统服务提供。

5. 大数据应用（big data application）

执行数据生命周期相关的数据采集、数据传输、数据存储、数据处理(如计算、分析、可视化等)、数据交换、数据销毁等数据活动，运行在大数据平台，并提供大数据服务的各种应用系统。

6. 大数据平台（big data platform）

采用分布式存储和计算技术，提供大数据的访向和处理，支持大数据应用安全高效运行的软硬件集合，包括监视大数据的存储、输入（输出）操作控制等大数据服务软硬件基础设施。

7. 大数据服务提供者（big data service provider）

通过大数据平台和应用，提供大数据服务的机构。

8. 大数据使用者（big data consumer）

使用大数据平台或应用的末端用户、其他信息技术系统或智能感知设备。

9. 大数据系统（big data system）

包括大数据使用者、大数据服务提供者、大数据应用和大数据平台的信息系统。

10. 数据供应链（data supply chain）

对大数据服务提供者的数据采集、数据预处理、数据聚合、数据交换、数据访问等相关数据活动进行计划、协调、操作、控制和优化所需的可用数据资源形成的链状结构。

注：数据供应链目标是将大数据服务所需的各种数据和系统资产，通

过计划、协调、操作、控制、优化等数据活动，确保大数据服务提供者能在正确的时间、按照正确的数据服务协议送给正确的大数据使用者。

11. 数据交换（data interchange）

为满足不同平台或应用间数据资源的传送和处理需要，依据一定的原则，采取相应的技术，实现不同平台和应用间数据资源的流动过程。

12. 数据共享（data sharing）

让不同大数据用户能够访问大数据服务整合的各种数据资源，并通过大数据服务或数据交换技术对这些数据资源进行相关的计算、分析、可视化等处理。

13. 重要数据（important data）

我国机构和个人在境内收集、产生的不涉及国家秘密，但与国家安全、经济发展以及公共利益密切相关的数据。

注：重要数据通常指公共通信和信息服务、能源、交通、水利、金融、公共服务、电子政务等重要行业和领域的各类机构在开展业务活动中收集和产生的、不涉及国家秘密，但一旦泄露、篡改或滥用将会对国家安全、经济发展和社会公共利益造成不利影响的数据（包括原始数据和衍生数据）。

（三）概述

1. 总体要求

大数据服务提供者应依据 GB/T 31168—2014 和 GB/T 22239—2008，从信息技术 (InformationTechnology，简称 IT) 角度对大数据服务基础设施采取必要的安全管控措施，保障大数据平台和应用的系统服务安全可靠地运行和大数据服务的业务使命。本标准只规定了，通过大数据平台和应用提供大数据服务的机构应具备的基础安全要求和数据服务安全要求：

（1）基础安全要求

大数据服务提供者要创建大数据服务安全策略和规程，建立系统和数据资产清单、组织和人员岗位，通过对大数据服务的安全规划和需求分析形成满足大数据服务的元数据结构、符合业务流程的数据供应链结构和数据服务接口规范，以及符合法律法规和相关标准要求的大数据服务基础安全能力要求。

（2）数据服务安全要求

大数据服务提供者要针对数据生命周期相关的数据活动，形成数据采集、数据传输、数据存储、数据处理、数据交换、数据销毁等数据服务安全要求，以降低大数据服务中数据生命周期安全管理相关的安全风险，保障大数据服务的业务使命和数据安全。

大数据服务提供者应依据大数据服务的数据保护价值、大数据服务类型，结合自身的大数据服务模式、大数据服务角色、大数据服务目标和支撑大数据服务的基础设施(参见附录A)，选择本标准列举的大数据服务安全能力要求项进行建设和评估。

注：大数据服务涉及的数据资源可能依赖于其他机构的数据服务或系统服务，则大数据服务提供者以合同、协议或其他方式对供应链上各参与方的相应安全责任进行规定并予以落实，要求他们具备与大数据服务提供者相当的安全防护能力。

2. 要求分级

本标准将大数据服务安全能力分为一般要求和增强要求。大数据服务提供者应根据大数据系统所承载数据重要性和大数据服务异常可能造成的影响范围和严重程度，遵循如下保护要求：

①大数据服务中没有承载重要数据，且该服务不能正常提供服务或遭受破坏时，对国家经济发展和社会公共利益影响有限，对国家安全和国计民生没有影响的，按照一般要求进行安全保护。

②大数据服务中承载有重要数据，或在不能正常提供服务或遭受破坏时，对国家经济发展和社会公共利益造成的影响较大，或者会影响国家安全和国计民生的，按照增强要求进行安全保护。

（四）基础安全要求

基础安全要求包括策略与规程、数据与系统资产、组织和人员管理、服务规划与管理、数据供应链管理和合规性管理六个方面。每个部分包括一般要求和增强要求。

1. 策略与规程

2. 数据与系统资产

◎ 数据资产

◎ 系统资产

3. 组织和人员管理

◎ 组织管理

◎ 人员管理

◎ 角色管理

◎ 人员培训

4. 服务规划与管理

◎ 战略规划

◎ 需求分析

◎ 元数据安全

5. 数据供应链管理

◎ 数据供应链

◎ 数据服务接口

6. 合规性管理

◎ 个人信息保护

◎ 重要数据保护

◎ 数据跨境传输

◎ 密码支持

（五）数据服务安全要求

数据服务安全包括数据生命周期相关的数据活动，形成数据采集、数据传输、数据存储、数据处理、数据交换、数据销毁等数据服务安全要求。每个部分包括一般要求和增强要求。

1. 数据采集

◎ 数据分类分级

◎ 数据收集和获取

◎ 数据清洗、转换和加载

◎ 质量监控

2. 数据传输

◎ 数据传输通道认证

◎ 完整性

◎ 链路冗余及安全管理要求

3. 数据存储

◎ 存储架构

◎ 逻辑存储

◎ 访问控制

◎ 数据副本

◎ 数据归档

◎ 数据时效性

4. 数据处理

◎ 分布式处理安全

◎ 数据分析安全

◎ 数据正当使用

◎ 密文数据处理

◎ 数据脱敏处理

◎ 数据溯源

5. 数据交换

◎ 数据导入导出安全

◎ 数据共享安全

◎ 数据发布安全

◎ 数据交换监控

6. 数据销毁

◎介质使用管理

◎数据销毁处置

◎介质销毁处置

二、《信息安全技术 大数据安全管理指南》（GB/T 37973—2019）

（一）标准的适用范围

本标准提出了大数据安全管理基本原则，规定了大数据安全需求、数据分类分级、大数据活动的安全要求、评估大数据安全风险。

本标准适用于各类组织进行数据安全管理，也可供第三方评估机构参考。

（二）术语和定义

GB/T 25069—2010、GB/T 20984—2007 和 GB/T 35274—2017 界定的以及下列术语和定义适用于本文件。

1. 大数据（big data）

具有数量巨大种类多样、流动速度快、特征多变等特性，并且难以用传统数据体系结构和数据处理技术进行有效组织、存储、计算、分析和管理的数据集。

2. 组织（organization）

由作用不同的个体为实施共同的业务目标而建立的结构。

注：组织可以是一个企业事业单位、政府部门等。

3. 大数据平台（big data platform）

采用分布式存储和计算技术，提供大数据的访问和处理，支持大数据应用安全高效运行的软硬件集合。

4. 大数据环境（big data environment）

开展大数据活动所涉及的数据、平台、规程及人员等的要素集合。

5. 大数据活动（big data activity）

组织针对大数据开展的一组特定任务的集合。

注：大数据活动主要包括采集、存储、处理、分发、删除等活动。

（三）大数据安全管理概述

1. 大数据安全管理目标

组织实现大数据价值的同时，确保数据安全。组织应：

①满足个人信息保护和数据保护的法律法规、标准等要求。

②满足大数据相关方的数据保护要求。

③通过技术和管理手段，保证自身控制和管理的数据安全风险可控。

2. 大数据安全管理的主要内容

（1）明确数据安全需求

组织应分析大数据环境下数据的保密性、完整性和可用性所面临的新问题，分析大数据活动可能对国家安全、社会影响、公共利益、个人的生命财产安全等造成的影响，并明确解决这些问题和影响的数据安全需求。

（2）数据分类分级

组织应先对数据进行分类分级，根据不同的数据分级选择适当的安全措施。

（3）明确大数据活动安全要求

组织应理解主要大数据活动的特点，可能涉及的数据操作，并明确各大数据活动的安全要求。

（4）评估大数据安全风险

组织除开展信息系统安全风险评估外，还应从大数据环境潜在的系统的脆弱点、恶意利用、后果等不利因素以及应对措施等，评估大数据安全风险。

3. 大数据安全管理角色及责任

（1）概述

组织应建立大数据安全管理组织架构，根据组织的规模、大数据平台的数据量、业务发展及规划等明确不同角色及其职责，至少包含以下角色：

①大数据安全管理者：对组织大数据安全负责的个人或团队。大数据安全管理者负责数据安全相关领域和环节的决策，制定并审议数据安全相关制度，监督执行和组织落实业务部门数据安全相关工作。

②大数据安全执行者：是执行组织数据安全相关工作的个人或团队。大数据安全执行者负责数据安全相关领域和环节工作的执行，制定数据安全相关细则，落实各项安全措施，配合大数据安全管理者开展各项工作。

③大数据安全审计者：负责大数据审计相关工作的个人或团队。大数据安全审计者对安全策略的适当性进行评价，帮助检测安全违规，并生成安全审计报告。

（2）大数据安全管理者的职责

①确定数据的分类分级初始值，制定数据分类分级指南。与提供大数据的业务部门合作，确定数据的安全级别。

②综合考虑法律法规、政策、标准、大数据分析技术水平、组织所处行业特殊性等因素，评估数据安全风险，制定数据安全基本要求。

③对数据访问进行授权，包括授权给组织内部的业务部门、外部组织等。

④建立相应的数据安全管理监督机制，监视数据安全管理机制的有效性。

⑤负责组织的大数据安全管理过程，并对外部相关方（如：数据安全的主管部门数据主体等）负责。

（3）大数据安全执行者的职责

①根据大数据安全管理者的要求实施安全措施。

②为大数据安全管理者授权的相关方分配数据访问权限和机制。

③配合大数据安全管理者处置安全事件。

④记录数据活动的相关日志。

（4）大数据安全审计者的职责

①审核数据活动的主体、操作及对象等数据相关属性，确保数据活动的过程和相关操作符合安全要求。

②定期审核数据的使用情况。

（四）大数据安全管理基本原则

1. 职责明确

组织应明确不同角色及其大数据活动的安全责任。组织应：

（1）设立大数据安全管理者

根据组织使命、数据规模与价值、组织业务等因素，组织应明确担任大数据安全管理者角色的人员或部门，可由业务负责人、法律法规专家、IT安全专家、数据安全专家组成，为组织的数据及其应用安全负责。

（2）明确角色的安全职责

组织应明确大数据安全管理者、大数据安全执行者、大数据安全审计者以及数据安全相关的其他角色的安全职责。

（3）明确主要活动的实施主体

组织应明确大数据主要活动的实施主体及安全责任。

2. 安全合规

组织应制定策略和规程确保数据的各项活动满足合规要求。组织应：

①理解并遵从数据安全相关的法律法规、合同、标准等。

②正确处理个人信息、重要数据。

③实施了合理的跨组织数据保护的策略和实践。

3. 质量保障

组织在采集和处理数据的过程中应确保数据质量。组织应：

①采取适当的措施确保数据的准确性、可用性、完整性和时效性。

②建立数据纠错机制。

③建立定期检查数据质量的机制。

4. 数据最小化

组织应保证只采集和处理满足目的所需的最小数据。组织应：

①在采集数据前，明确数据的使用目的及所需数据范围。

②提供适当的管理和技术措施保证只采集和处理与目的相关的数据项和数据量。

5. 责任不随数据转移

当前控制数据的组织应对数据负责，当数据转移给其他组织时，责任不随数据转移而转移。组织应：

①对数据转移给其他组织所造成的数据安全事件承担安全责任。

②在数据转移前进行风险评估，确保数据转移后的风险可承受。

③通过合同或其他有效措施，明确界定接收方接收的数据范围和要求，确保其提供同等或更高的数据保护水平，并明确接收方的数据安全责任。

④采取有效措施，确保数据转移后的安全事件责任可追溯。

6. 最小授权

组织应控制大数据活动中的数据访问权限，保证在满足业务需求的基础上最小化权限。组织应：

①赋予数据活动主体的最小操作权限和最小数据集。

②制定数据访问授权审批流程，对数据活动主体的数据操作权限和范围变更制定申请和审批流程。

③及时回收过期的数据访问权限。

7. 确保安全

组织应采取适当的管理和技术措施，确保数据安全。组织应：

①对数据进行分类分级，对不同安全级别的数据实施恰当的安全保护措施。

②确保大数据平台及业务的安全控制措施和策略有效，保护数据的完整性、保密性和可用性，确保数据生命周期的安全。

③解决风险评估和安全检查中所发现的安全风险和脆弱性，并对安全防护措施不当所造成的安全事件承担责任。

8. 可审计

组织应实现对大数据平台和业务各环节的数据审计。组织应：

①记录大数据活动中各项操作的相关信息，且保证记录不可伪造和篡改。

②采取有效技术措施保证对大数据活动的所有操作可追溯。

（五）大数据安全需求

1. 保密性

①数据传输的保密性。

②数据存储的保密性。

③加密数据的运算。

④数据汇聚时敏感性保护。

⑤个人信息的保护。

⑥密钥的安全。

2. 完整性

①数据来源验证。

②数据传输完整性。

③数据计算可靠性。

④数据存储完整性。

⑤数据可审计。

3. 可用性

①大数据平台抗攻击能力。

②基于大数据的安全分析能力。

③大数据平台的容灾能力。

4. 其他需求

大数据安全除了考虑信息系统的保密性、完整性和可用性，针对大数据的特点，组织还应从大数据活动的其他方面分析安全需求，包括但不限于：

①与法律法规 、国家战略、标准等的合规性。

②可能产生的社会和公共安全影响，与文化的包容性。

③跨组织之间数据共享。

④跨境数据流动。

⑤知识产权保护及数据价值保护。

（六）数据分类分级

1. 数据分类分级原则

①科学性。

②稳定性。

③实用性。

④扩展性。

2. 数据分类分级流程

组织应结合自身业务特点，针对采集、存储和处理的数据，制定数据分类分级规范，规范应包含但不限于以下内容：

①数据分类方法及指南。

②数据分级详细清单，包含每类数据的初始安全级别。

③数据分级保护的安全要求。

组织应按照数据分级流程对数据进行分类分级。组织应根据数据分类分级规范对数据进行分类；为分类的数据设定初始安全级别；综合分析业务、安全风险、安全措施等因素后，评估初始安全级别是否满足大数据安全需求，对不恰当的数据分级进行调整，并确定数据的最终安全级别。

3. 数据分类方法

组织应按照GB/T7027—2002中的第6章进行数据分类，可按数据主体、业务等不同的属性进行分类。

4. 数据分级方法

组织应对已有数据或新采集的数据进行分级，数据分级需要组织的主管领导、业务专家安全专家等共同确定。政府数据分级应按照 GB/T 31167—2014 中 6.3 的规定，将非涉密数据分为公开、敏感数据。个人信息和个人敏感信息应参照 GB/T 35273—2017 中的附录 A 和附录 B 执行。

涉密信息的处理、保存、传输、利用按国家保密法规执行。

组织可根据法律法规、业务、组织战略、市场需求等，对敏感数据进一步分级，以提供相适应的安全管理和技术措施。

组织针对不同级别的数据应按照 GB/T 35274—2017 第 4 章至第 6 章的规定，选择恰当的管理和技术措施对数据实施有效的安全保护。

（七）大数据活动

在数据生命周期中，组织可能参与数据形态的一个或多个阶段，将组织可能对数据实施的操作任务的集合即活动划分为数据采集、数据存储、数据处理、数据分发以及数据删除等。

1. 数据采集：数据进入组织的大数据环境，数据可来源于其他组织或自身产生。

2. 数据存储：将数据持久存储在存储介质上。

3. 数据处理：通过该活动履行组织的职责或实现组织的目标。处理的数据可以是组织内部持久保存的数据，也可以是直接接入分析平台的实时数据流。

4. 数据分发：组织在满足相关规定的情况下将数据处理生成的报告、分析结果等分发给公众或其他组织，或将组织内部的数据适当处理后进行交换或交易等。

5. 数据删除：当组织决定不再使用特定数据时，组织可以删除该数据。

活动和活动之间可能存在数据流，组织应分析各活动中的安全风险，确保安全要求、策略和规程的实施。

（八）评估大数据安全风险

1. 概述

组织参照 GB/T 20984—2007 开展风险评估工作，并关注大数据环境下安全风险评估的特点。

2. 资产识别

组织开展资产识别时，应关注大数据的资产特点，包括但不限于：

①个人信息。

②重要数据。

③大数据可视化算法与软件。

④大数据分析算法与软件。

⑤大数据处理框架，如流处理框架、交互式处理框架、离线处理框架。

⑥大数据存储框架，如分布式文件系统、非关系型数据库等。

⑦大数据平台计算资源（如 CPU、内存、网络等）管理框架等。

3. 威胁识别

组织开展威胁识别时，应关注大数据环境下的威胁特点，包括但不限于：

①潜在的不利因素：

◎ 潜在攻击方具有的资源、技术能力、动机等，常见的攻击方有个人、组织、国家等。

◎ 潜在攻击方窃取、利用和滥用数据的意图。

◎ 大数据访问、存储和处理所需资源。

◎ 直接访问数据或窃取数据的风险。

◎ 发起攻击、恶意利用大数据的成本与收益。

②恶意利用所需的科学专业知识和技能：

◎ 数据和结果分析需要使用的技能、专业知识。

◎ 数据使用和结果分析需要的技术和设备。

◎ 利用系统脆弱性需要的技能、技术和知识。

③数据出境威胁。

4. 脆弱性识别

组织开展脆弱性识别时，应关注大数据环境下的脆弱性特定，包括但不限于：

①大数据存储、处理等基础软件和基础设施的脆弱性。

②大数据相关系统的脆弱性。

5. 已有安全措施确认

组织应对已采取的安全措施的有效性进行确认。安全措施的选择可以参考 GB/T 35274—2017。

6. 风险分析

组织应采用适当的方法与工具确定威胁利用脆弱性导致大数据安全事件发生的可能性，综合安全事件所作用的大数据资产价值及脆弱性的严重程度，判定安全事件造成的损失对国家安全、社会公共利益、组织和个人利益的影响。

三、《信息安全技术 个人信息安全规范》（GB/T 35273—2017）

（一）标准的适用范围

本标准规范了开展收集、保存、使用、共享、转让、公开披露等个人信息处理活动应遵循的原则和安全要求。

本标准适用于规范各类组织个人信息处理活动，也适用于主管监管部门、第三方评估机构等组织对个人信息处理活动进行监督、管理和评估。

（二）语和定义

GB/T 25069—2010 中界定的以及下列术语和定义适用于本文件。

1. 个人信息（personal information）

以电子或者其他方式记录的能够单独或者与其他信息结合识别特定自然人身份或者反映特定自然人活动情况的各种信息。

注：个人信息包括姓名、出生日期、身份证件号码、个人生物识别信息、住址、通信通讯联系方式、通信记录和内容、账号密码、财产信息、征信信息、行踪轨迹、住宿信息、健康生理信息、交易信息等。

2. 个人敏感信息（personal sensitive information）

一旦泄露、非法提供或滥用可能危害人身和财产安全，极易导致个人名誉、身心健康受到损害或受到歧视性待遇等的个人信息。

注：个人敏感信息包括身份证件号码、个人生物识别信息、银行账号、通信记录和内容、财产信息、征信信息、行踪轨迹、住宿信息、健康生理信息、交易信息、14 岁以下 (含) 儿童的个人信息等。

3. 个人信息主体（personal data subject）

个人信息所标识的自然人。

4. 个人信息控制者（personal data controller）

有权决定个人信息处理目的、方式等的组织或个人。

5. 收集（collect）

获得对个人信息的控制权的行为，包括由个人信息主体主动提供，通过与个人信息主体交互或记录个人信息主体行为等自动采集，以及通过共享、转让、搜集公开信息间接获取等方式。

注：如果产品或服务的提供者提供工具供个人信息主体使用，提供者不对个人信息进行访问的，则不属于本标准所称的收集行为。例如，离线导航软件在终端获取用户位置信息后，如不回传至软件提供者，则不属于个人信息收集行为。

6. 明示同意（explicit consent）

个人信息主体通过书面声明或主动做出肯定性动作，对其个人信息进行特定处理做出明确授权的行为。

注：肯定性动作包括个人信息主体主动作出声明（电子或纸质形式）、主动勾选、主动点击"同意""注册""发送""拨打"等。

7. 用户画像（user profiling）

通过收集、汇聚、分析个人信息，对某特定自然人个人特征，如其职业、经济、健康、教育、个人喜好、信用、行为等方面做出分析或预测，形成其个人特征模型的过程。

注：直接使用特定自然人的个人信息，形成该自然人的特征模型，称为直接用户画像。使用来源于特定自然人以外的个人信息，如其所在群体的数据，形成该自然人的特征模型，称为间接用户画像。

8. 个人信息安全影响评估（personal information security impact assessment）

针对个人信息处理活动，检验其合法合规程度，判断其对个人信息主体合法权益造成损害的各种风险，以及评估用于保护个人信息主体的各项措施有效性的过程。

9. 删除（delete）

在实现日常业务功能所涉及的系统中去除个人信息的行为，使其保持不可被检索、访问的状态。

10. 公开披露（public disclosure）

向社会或不特定人群发布信息的行为。

11. 转让（transfer of control）

将个人信息控制权由一个控制者向另一个控制者转移的过程。

12. 共享（sharing）

个人信息控制者向其他控制者提供个人信息，且双方分别对个人信息拥有独立控制权的过程。

13. 匿名化（anonymization）

通过对个人信息的技术处理，使得个人信息主体无法被识别，且处理后的信息不能被复原的过程。

注：个人信息经匿名化处理后所得的信息不属于个人信息。

14. 去标识化（de-identification）

通过对个人信息的技术处理，使其在不借助额外信息的情况下，无法识别个人信息主体的过程。

注：去标识化建立在个体基础之上，保留了个体颗粒度，采用假名、加密、哈希函数等技术手段替代对个人信息的标识。

（三）个人信息安全基本原则

个人信息控制者开展个人信息处理活动，应遵循以下基本原则：

①权责一致原则：对其个人信息处理活动对个人信息主体合法权益造成的损害承担责任。

②目的明确原则：具有合法、正当、必要、明确的个人信息处理目的。

③选择同意原则：向个人信息主体明示个人信息处理目的、方式、范围、规则等，征求其授权同意。

④最少够用原则：除与个人信息主体另有约定外，只处理满足个人信息主体授权同意的目的所需的最少个人信息类型和数量。目的达成后，应及时根据约定删除个人信息。

⑤公开透明原则：以明确、易懂和合理的方式公开处理个人信息的范围、目的、规则等，并接受外部监督。

⑥确保安全原则：具备与所面临的安全风险相匹配的安全能力，并采取足够的管理措施和技术手段，保护个人信息的保密性、完整性、可用性。

⑦主体参与原则：向个人信息主体提供能够访问、更正、删除其个人信息以及撤回同意、注销账户等方法。

（四）个人信息的收集

①收集个人信息的合法性要求。

②收集个人信息的最小化要求。

③收集个人信息时的授权同意。

④征得授权同意的例外。

⑤收集个人敏感信息时的明示同意。

⑥隐私政策的内容和发布。

（五）个人信息的保存

1. 个人信息保存时间最小化

对个人信息控制者的要求包括：

①个人信息保存期限应为实现目的所必需的最短时间。

②超出上述个人信息保存期限后，应对个人信息进行删除或匿名化处理。

2. 去标识化处理

收集个人信息后，个人信息控制者宜立即进行去标识化处理，并采取技术和管理方面的措施，将去标识化后的数据与可用于恢复识别个人的信息分开存储，并确保在后续的个人信息处理中不重新识别个人。

3. 个人敏感信息的传输和存储

对个人信息控制者的要求包括：

①传输和存储个人敏感信息时，应采用加密等安全措施。

②存储个人生物识别信息时，应采用技术措施处理后再进行存储，例如仅存储个人生物识别信息的摘要。

4.个人信息控制者停止运营

当个人信息控制者停止运营其产品或服务时，应：

①及时停止继续收集个人信息的活动。

②将停止运营的通知以逐一送达或公告的形式通知个人信息主体。

③对其所持有的个人信息进行删除或匿名化处理。

（六）个人信息的使用

①个人信息访问控制措施。

②个人信息的展示限制。

③个人信息的使用限制。

④个人信息访问。

⑤个人信息更正。

⑥个人信息删除。

⑦个人信息主体撤回同意。

⑧个人信息主体注销账户。

⑨个人信息主体获取个人信息副本。

⑩约束信息系统自动决策。

◎ 响应个人信息主体的请求。

◎ 申诉管理。

（七）个人信息的委托处理、共享、转让、公开披露

①委托处理。

②个人信息共享、转让。

③收购、兼并、重组时的个人信息转让。

④个人信息公开披露。

⑤共享、转让、公开披露个人信息时事先征得授权同意的例外。

⑥共同个人信息控制者。

⑦个人信息跨境传输要求。

（八）个人信息安全事件处置

1. 安全事件应急处置和报告

对个人信息控制者的要求包括：

①应制定个人信息安全事件应急预案。

②应定期（至少每年一次）组织内部相关人员进行应急响应培训和应急演练，使其掌握岗位职责和应急处置策略和规程。

③发生个人信息安全事件后，个人信息控制者应根据应急响应预案进行以下处置：

◎ 记录事件内容，包括但不限于：发现事件的人员、时间、地点，涉及的个人信息及人数，发生事件的系统名称，对其他互联系统的影响，是否已联系执法机关或有关部门。

◎ 评估事件可能造成的影响，并采取必要措施控制事态，消除隐患。

◎ 按《国家网络安全事件应急预案》的有关规定及时上报，报告内容包括但不限于：涉及个人信息主体的类型、数量、内容、性质等总体情况，事件可能造成的影响，已采取或将要采取的处置措施，事件处置相关人员的联系方式。

◎ 按照本标准9.2的要求实施安全事件的告知。

（4）根据相关法律法规变化情况以及事件处置情况，及时更新应急预案。

4. 安全事件告知

对个人信息控制者的要求包括：

①应及时将事件相关情况以邮件、信函、电话、推送通知等方式告知

受影响的个人信息主体。难以逐一告知个人信息主体时，应采取合理、有效的方式发布与公众有关的警示信息。

②告知内容应包括但不限于：

◎ 安全事件的内容和影响。

◎ 已采取或将要采取的处置措施。

◎ 个人信息主体自主防范和降低风险的建议。

◎ 针对个人信息主体提供的补救措施。

◎ 个人信息保护负责人和个人信息保护工作机构的联系方式。

（九）组织的管理要求

1. 明确责任部门与人员

对个人信息控制者的要求包括：

①应明确其法定代表人或主要负责人对个人信息安全负全面领导责任，包括为个人信息安全工作提供人力、财力、物力保障等。

②应任命个人信息保护负责人和个人信息保护工作机构。

③满足以下条件之一的组织，应设立专职的个人信息保护负责人和个人信息保护工作机构，负责个人信息安全工作：

◎ 主要业务涉及个人信息处理，且从业人员规模大于 200 人。

◎ 处理超过 50 万人的个人信息，或在 12 个月内预计处理超过 50 万人的个人信息。

④个人信息保护负责人和个人信息保护工作机构应履行的职责包括但不限于：

◎ 全面统筹实施组织内部的个人信息安全工作，对个人信息安全负直接责任。

◎ 制定、签发、实施、定期更新隐私政策和相关规程。

◎ 应建立、维护和更新组织所持有的个人信息清单 (包括个人信息的类型、数量、来源、接收方等) 和授权访问策略。

◎ 开展个人信息安全影响评估。

◎ 组织开展个人信息安全培训。

◎ 在产品或服务上线发布前进行检测，避免未知的个人信息收集、使用、共享等处理行为。

◎ 进行安全审计。

2. 开展个人信息安全影响评估

建立个人信息安全影响评估制度，定期开展个人信息安全影响评估，形成个人信息安全影响评估报告并妥善保存，确保可供相关方查阅，并以适宜的形式对外公开。

3. 数据安全能力

个人信息控制者应根据有关国家标准的要求，建立适当的数据安全能力，落实必要的管理和技术措施，防止个人信息的泄漏、损毁、丢失。

4. 人员管理与培训

应对个人信息处理岗位上的相关人员进行背景审查，并与其签订保密协议；明确安全职责，建立处罚机制；应与外部服务人员签订保密协议，并进行监督；定期开展个人信息安全专业化培训和考核，确保相关人员熟练掌握相关政策和相关规程。个人信息处理岗位上的相关人员调离岗位或终止劳动合同后，应继续履行保密义务。

5. 安全审计

对个人信息控制者的要求包括：

①应对隐私政策、相关规程以及安全措施的有效性进行审计。

②应建立自动化审计系统，监测记录个人信息处理活动。

③审计过程形成的记录应能对安全事件的处置、应急响应和事后调查提供支撑。

④应防止非授权访问、篡改或删除审计记录。

⑤应及时处理审计过程中发现的个人信息违规使用、滥用等情况。

习　题

1.简述 GB 17859—1999 国家标准所描述的五个安全等级。

2.简述 GB 17859—1999 标准中第二级与第三级在安全保护能力上的差别？

3.依据 GB/T 22240—2020 标准，简述定级报告的组成部分？

4.简述 GB/T 22240—2020 标准中第二级与第三级在安全管理中心中测评指标的区别？

5.简述 GB/T 39786—2021 标准中第二级与第三级在设备和计算安全中测评指标的区别？

6.简述 GB/T 20984—2007 标准中风险分析原理？

第九章

信息安全标准

第一节 信息安全标准体系

一、国际信息安全标准体系

按其5个工作组的划分，国际信息安全标准化组织规划了国际信息安全标准体系，将信息安全标准分为信息安全管理体系标准、密码技术与安全机制标准、安全评价准则标准、安全控制与服务标准、身份管理与隐私保护技术标准5大类，每个大类又分若干子类，如图9-1所示。

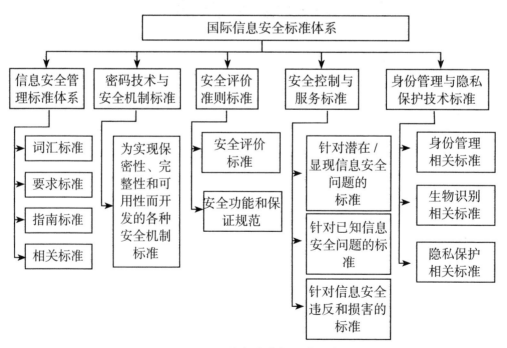

图9-1 国际信息安全标准体系框架

其中，信息安全管理体系标准包括词汇标准、要求标准、指南标准和相关标准4个子类；密码技术与安全机制标准包括为实现保密性、完整性和可用性而开发的各种安全机制标准；安全评价准则标准包括安全评价标准、安全功能和保证规范2个子类；安全控制与服务标准包括针对潜在（显现）信息安全问题的标准、针对已知信息安全问题的标准、针对信息安全违反和损害的标准3个子类；身份管理与隐私保护技术标准包括身份管理相关标准、生物识别相关标准、隐私保护相关标准3个子类。

在国际信息安全标准体系框架中，已经发布和正在制定的上述各类标准共计200余部。

二、我国信息安全标准体系

我国信息安全标准体系是在总结各工作组对本领域标准体系研究成果的基础上形成的，是全国信息安全标准化技术委员会各工作组在跟踪分析了国际信息安全标准的发展动态和国内信息安全标准需求的基础上，提出的信息安全标准体系框架。

我国信息安全标准从总体上划分为基础标准、技术与机制标准、管理标准、测评标准、密码技术标准和保密技术标准6大类，每类按照标准所涉及的主要内容再细分为若干子类，如图9-2所示。

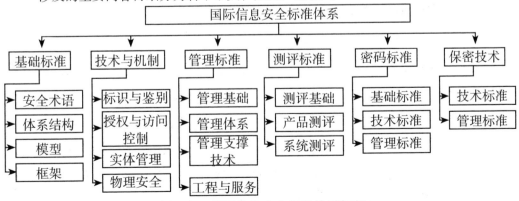

图9-2 我国信息安全标准体系框架

其中，基础标准是为其他标准制定提供支撑的公用标准，包括安全术语、体系结构、模型和框架标准4个子类。技术与机制标准包括标识与鉴别、授权与访问控制、实体管理和物理安全标准4个子类。管理标准包括管理基础标准、管理要求标准、管理支撑技术标准和工程与服务管理标准4个子类。测评标准包括测评基础标准、产品测评标准和系统测评标准3个子类。密码技术标准包括基础标准、技术标准和管理标准3个子类。保密技术标准包括技术标准和管理标准2个子类。

我国信息安全标准体系框架中，已经发布的上述各类标准共计160余部，还有若干部标准正在开发当中。

第二节　信息安全标准化组织

一、国际信息安全标准化组织

1. 国际标准化组织

国际标准化组织成立于1947年2月23日。它是其成员资格向每个国家的有关国家机构开放的标准化组织，该组织负责除电工、电子领域、军工、石油和船舶制造之外的很多重要领域的标准化活动，国际标准化组织的最高权力机构是每年一次的"全体大会"，其日常办事机构是中央秘书处，设在瑞士日内瓦。中央秘书处现有130余名全职人员，由秘书长领导。ISO的宗旨是"在世界上促进标准化及其相关活动的发展，以便于商品和服务的国际交换，在智力、科学、技术和经济领域开展合作"。截至2013

年底，ISO通过它的3483个技术机构开展技术活动，机构包括技术委员会(Technology Committee， TC)、分技术委员会(Sub Committee， SC)、工作组(Working Group，WG)和特别工作组。中国于1978年加入ISO，在2008年10月的第31届国际标准化组织大会上，中国正式成为ISO的常任理事国。

2.国际电工委员会

国际电工委员会正式成立于1906年10月，是世界上成立最早的专门国际标准化机构。在信息安全标准化方面，主要与ISO成立了联合技术委员会(Joint Technical Committee1， JTC1)，下设分委员会，还在电信、电子系统、信息技术和电磁兼容等方面成立技术委员会，如可靠性技术委员会、IT设备安全和功效技术委员会、电磁兼容技术委员会、音频/视频技术委员会和国际无线电干扰特别委员会(International Special Committee on RadioInterference，CISPR) 等，并制定相关国际标准，如信息技术设备安全(IEC 60950)等。

3. ISO/IEC JTC1 SC27

ISO/IEC JTC1 SC27是国际标准化组织和国际电工委员会的联合技术委员会下专门从事信息安全标准化的分技术委员会，其前身是数据加密分技术委员会(SC20)，主要从事信息技术安全的一般方法和技术的标准化工作，是信息安全领域最具代表性的国际标准化组织。SC27下设信息安全管理体系工作组(WG1)、密码与安全机制工作组(WG2)、安全评估准则工作组(WG3)、安全控制与服务工作组(WG4)和身份管理与隐私技术工作组(WG5)，工作范围涵盖了信息安全管理和技术领域，包括信息安全管理体系、密码学与安全机制、安全评价准则、安全控制与服务、身份管理与隐私保护技术等方面的标准化工作。

二、国外信息安全标准化组织

除了国际信息安全标准化组织，还有国外国家层面和区域性的信息安全标准化组织。

1.美国国家标准协会

美国国家标准协会（American National Standards Institute， ANSI） 于20世纪80年代初开始数据加密标准化工作。ANSI的技术委员会美国国家信息科技标准委员会（National Committee for Information Technology Standards，NCITS， 简称X3）负责信息技术，承担着JTC1秘书处的工作，其中，分技术委员会T4专门负责IT安全技术标准化工作，对口JTC1的SC27。ANSI由多个组织构成，如X3 (即NCITS)负责信息技术，X9（AccreditedStandards Committee X9，ASC X9，简称X9，）负责制定金融业务标准，X12（AccreditedStandards Committee X12，ASC X12，简称X12）负责制定商业交易标准，等等。这些组织制定了很多有关数据加密、银行业务安全和电子数据交换(Electronic Data Interchange，EDI)安全等方面的标准。许多标准经国际标准化组织反复讨论后成为国际标准。

2.美国国家标准与技术研究院

美国国家标准与技术研究院主要负责制定联邦计算机系统标准和指导文件，所出版的标准和规范被称作联邦信息处理标准（Federation Information Processing Standards， FIPS)，负责处理联邦政府非保密但敏感的信息。FIPS安全标准也是美国军用信息安全标准的重要来源。FIPS 由NIST在广泛搜集政府各部门及私人企业意见的基础上形成。正式发布之前，NIST将FIPS分送给每个政府机构，并在"联邦注册"上刊印出版。经再次征求意见之后，NIST局长把标准连同NIST的建议一起呈送美国商业部，由商业部长签字同意或反对这个标准。FIPS安全标准的一个著名实例就是数据加密标准（DataEncryptionStandard，DES）。从20世纪70年代公布的DES开始，NIST制定了一系列有关信息安全方面的FIPS，以及信息安全相关的专题出版物(NIST SP 800系列和NIST SP 500系列)。另外，美国军方涉密标准由美国国防部发布。

3.Internet工程任务组

Internet工程任务组（ Internet Engineering Task Force， IETF）创立于1986年，其主要任务是负责互联网相关技术规范的研发和制定，制定的规范以请求评论（RequestForComments，RFC）文件的形式发布，截至2014年6月已经发布了7000多个RFC文件。IETF已成为全球互联网界最具权威的大型技术研究组织。IETF标准制定的具体工作由各个工作组承担，工作组按主题分为多个领域(如路由、传输、应用、安全等)。著名的互联网密钥交换（ Internet Key Exchange， IKE） 和互联网协议安全（ Internet Protocol Security ， IPsec）协议都在RFC系列之中，还包括传输安全层（ Transport Layer Security， TLS）协议标准和其他的安全协议标准。

4.美国电气和电子工程师协会

美国电气和电子工程师协会（ Institute of Electrical and Electronics Engineers， IEEE） 在信息安全标准化方面的贡献，主要是提出了局域网、广域网（ Local Area Network/Wide Area Network，LAN/WAN）安全方面的标准和公钥密码标准（P1363）。从1990年IEEE成立802.11"无线局域网工作组"以来，相继成立的802.15"无线个人网络工作组"、802.16"无线宽带网络工作组"和802.20"移动宽带无线接入工作组"等在无线通信安全方面也做了大量工作。

5.欧洲计算机制造联合会

欧洲计算机制造联合会（ European Computer Manufacturers Association，ECMA）位于瑞士日内瓦，和ISO以及IEC总部相邻，主要任务是研究信息和通信技术方面的标准并发布有关技术报告。ECMA并不是官方机构，而是由主流厂商组成的，他们经常与其他国际组织进行合作。就像ECMA的章程中所说的那样，这个非营利组织的目标是发展"标准和技术报告以便促进和标准化对信息处理和电信系统的使用过程"。其下辖很多技术委员会，如通信、网络和系统互联技术委员会(TC32)曾定义了开放系统应用层安全结构；IT安全技术委员会(TC36)负责信息技术设备的安全标准。

6.欧洲电信标准协会

欧洲电信标准协会（ European Telecommunications Standards Institute，ETSI）是由欧共体委员会1988年批准建立的一个非营利性的电信标准化组织，总部设在法国南部的尼斯。ETSI的标准化领域主要是电信业，并涉及与其他组织合作的信息及广播技术领域。全球移动通信系统（Global System for Mobile Communications， GSM）就是ETSI制定的。

7.亚太地区电信标准化机构

亚太地区电信标准化机构（Asia-Pacific Telecommunity Standardization Program， ASTAP）是支持亚洲太平洋地区通信共同体（Asia-Pacific Telecommunity， APT）的标准化组织。该组织于1997年成立，1998年2月在泰国召开了第一次全体会议，通过了标准化研究课题、活动方法和机构组织，至此，亚太地区通信标准化领域正式开始活动。该组织和ETSI与ITU、ISO和IEC等标准化组织协调合作，推动全世界的标准化活动。

三、我国信息安全标准化组织

国家标准机构是在国家层面上承认的，有资格成为相应的国际和区域标准组织的国家成员的标准机构。中国国家标准化管理委员会是我国最高级别的国家标准机构。国内的信息安全标准组织主要有全国信息安全标准化技术委员会（China Information Security Standardization Technical Comitee，CISTC，TC260），全国通信标准化技术委员会（National Technical Committee 485 on Communication of Standardization Administration of China，TC485）/中国通信标准化协会（China Communications Standards Association， CCSA）下辖的网络与信息安全技术工作委员会。

1.全国信息安全标准化技术委员会

2002年4月，为加强信息安全标准的协调工作，国家标准化管理委员会决定成立全国信息安全标准化技术委员会（TC260），由国家标准化管理委员会直接领导，对口ISO/IECJTC1 SC27。 TC260 是我国信息安全技术专业领域内从事信息安全标准化工作的专业性技术机构，负责组织开展国内信息安全有关的标准化工作。按信息安全技术领域和研究方向，TC260设立相应的工作组，并采取开放的方式组建各工作组，国内信息安全领域的产、学、研、用各相关单位均可成为工作组成员。各工作组具体负责相关技术标准制定和修订项目的基础性研究工作。

国家标准化管理委员会高新函〔2004〕1号文决定，自2004年1月起，各有关部门在申报信息安全国家标准计划项目时，必须经TC260提出工作意见，协调一致后由TC260组织申报，在国家标准制定过程中，标准工作组主要起草单位要与TC260积极合作，并由TC260完成国家标准送审、报批工作。

　　TC260设秘书处负责委员会的日常事务工作，秘书处是委员会的常设办事机构，负责委员会的日常事务工作，秘书处设在中国电子技术标准化研究所。

　　TC260下设多个工作组。信息安全标准体系与协调工作组（WG1）负责研究信息安全标准体系，跟踪国际标准发展动态，研究信息安全标准需求，研究并提出新工作项目及设立新工作组的建议，并负责协调各工作组项目。涉密信息系统安全保密标准工作组（WG2）负责研究提出涉密信息系统安全保密标准体系，制订和修订涉密信息系统安全保密标准。密码技术标准工作组(WG3)负责研究提出商用密码技术标准体系，及负责研究制订商用密码算法、商用密码模块和商用密钥管理等相关标准。鉴别与授权工作组(WG4)负责研究制订鉴别与授权标准体系，调研国内相关标准需求，研究制订鉴别与授权标准。信息安全评估工作组（WG5）负责调研测评标准现状与发展趋势，研究我国统一测评标准体系的思路和框架，提出测评标准体系、研究制订急需的测评标准。通信安全标准工作组（WG6）负责调研通信安全标准现状与发展趋势，研究提出通信安全标准体系，研究制订急需的通信安全标准。信息安全管理工作组（WG7）负责研究信息安全管理动态，调研国内管理标准需求，研究提出信息安全管理标准体系，制订信息安全管理相关标准。

2.全国通信标准化技术委员会/中国通信标准化协会

　　2009年5月15日，国家标准化管理委员会正式批准成立全国通信标准化技术委员会（TC485），该委员会主要负责通信网络、系统和设备的性能要求，通信基本协议和相关测试方法等领域的国家标准制订及修订工作。TC485由国家标准化管理委员会主管，工业和信息化部为业务指导单位，中国通信标准化协会（CCSA）为秘书处承担单位。TC485的运作与CCSA的运作机制相统一，CCSA各组成机构均作为TC485的组成机构，在CCSA内开展国家标准制订及修订工作，需遵循TC 485相关工作程序和管理办法的规定。

CCSA成立于2002年12月18日，是国内企事业单位自愿联合组织起来、经业务主管部门批准、国家社团登记管理机关登记、开展通信技术领域标准化活动的非营利性法人社会团体。CCSA下辖的网络与信息安全技术工作委员会，研究领域包括面向公众服务的互联网的网络与信息安全标准，电信网与互联网结合的网络与信息安全标准，特殊通信领域的网络与信息安全标准。在国际标准化工作方面，网络与信息安全技术工作委员会与ITU–T SG17对口。网络与信息安全技术工作委员会下设了4个工作组，分别是有线网络安全工作组（WG1）、无线网络安全工作组（WG2）、安全管理工作组（WG3）、安全基础工作组（WG4）。

习　题

1.简述国际信息安全标准化组织工作组划分情况。

2. 我国信息安全标准从总体上划分几大类？分别是什么？

3. 国际信息安全标准化组织有哪些？

4. 全国信息安全标准化技术委员会(TC260)有哪些工作组？

参考文献

[1] 陈文忠，信息安全标准与法律法规（第三版）[M].武汉：武汉工业出版社，2018.

[2] 马燕曹，信息安全法规与标准 [M].北京：机械工业出版社，2004.

[3] 周世杰，信息安全标准与法律法规 [M].北京：科学出版社，2012.

[4] 中央网络安全和信息化委员会办公室.计算机信息系统安全保护等级划分准则：GB 17859—1999[S].北京：中国标准出版社，2021.

[5] 中华人民共和国国家质量监督检验检疫总局.信息安全技术 信息安全风险评估规范：GB/T 20984—2007[S].北京：中国标准出版社，2007.

[6] 国家市场监督管理总局.信息安全技术 网络安全等级保护基本要求：GB/T 22239—2019[S].北京：中国标准出版社，2019.

[7] 全国信息安全标准化技术委员会.信息安全保护技术 网络安全等级保护定级指南：GB/T 22240—2020[S].北京：中国标准出版社，2020.

[8] 国家市场监督管理总局.信息安全技术 信息安全风险管理指南：GB/Z 24364—2009[S].北京：中国标准出版社，2009.

[9] 国家市场监督总局.信息安全技术 网络安全等级保护测评要求：GB/T 28448—2019[S].北京：中国标准出版社，2019.

[10] 国家市场监督管理总局.信息安全技术 网络安全等级保护测评过程指南：GB/T 28449—2019[S].北京：中国标准出版社，2019.

[11] 中华人民共和国国家质量监督检验检疫总局.信息安全技术 信息安全风险评估实施指南：GB/T 31509—2015[S].北京：中国标准出版社，

2015.

[12] 全国信息安全标准化技术委员会.信息安全技术 个人信息安全规范：GB/T 35273—2017[S].北京：中国标准出版社，2017.

[13] 全国信息安全标准化技术委员会.信息安全技术 大数据服务安全能力要求：GB/T 35274—2017[S].北京：中国标准出版社，2017.

[14] 国家市场监督管理总局.信息安全技术 信息系统密码应用基本要求：GB/T 39786—2021[S].北京：中国标准出版社，2021.

[15] 全国信息安全标准化技术委员会.信息安全技术 大数据安全管理指南：GB/T 37973—2019[S].北京：中国标准出版社，2019.

[16] 中国密码学会密译联委会.信息系统密码应用测评要求：GM/T 0115—2021[S].北京：中国标准出版社，2021.

[17] 中国密码学会密译联委会.信息系统密码应用测译过程指南：GM/T 0116-2021[S].北京：中国标准出版社，2021.